本书由国家自然科学基金-山西煤基低碳联合基金重点
支持项目资助出版

国家重点研发计划"固废资源化"重点专项支持

固废资源化技术丛书

# 高铝粉煤灰温和活化
# 与高值化利用

李会泉　张建波　李少鹏　朱干宇　著

科学出版社

北　京

# 内 容 简 介

本书以高铝粉煤灰铝硅锂镓资源的高效提取与循环利用为特色，系统地介绍了高铝粉煤灰复杂二次资源综合利用理论与技术创新进展，内容包括高铝粉煤灰的基础物性、高铝粉煤灰温和活化与矿相深度分离、脱硅粉煤灰制备莫来石基矿物复合材料、高铝粉煤灰铝锂镓元素协同提取、高碱含硅溶液制备硅酸钙和分子筛等相关理论与技术研究。

本书的研究内容是作者团队在高铝粉煤灰铝硅锂镓综合利用领域多年研发工作的总结，旨在为煤基固废等复杂人工矿物资源的高效清洁循环利用提供重要的科学借鉴。本书可作为高等院校化工、材料、矿物加工等专业的本科生和研究生参考书，亦可作为科研工作者、工程人员、企业技术人员的参考书。

**图书在版编目（CIP）数据**

高铝粉煤灰温和活化与高值化利用/李会泉等著. —北京：科学出版社，2023.2

（固废资源化技术丛书）

ISBN 978-7-03-074419-7

Ⅰ. ①高…　Ⅱ. ①李…　Ⅲ. ①粉煤灰－活化－研究　Ⅳ. ①X773.05

中国版本图书馆 CIP 数据核字（2022）第 252193 号

责任编辑：杨　震　杨新改 / 责任校对：杜子昂
责任印制：吴兆东 / 封面设计：东方人华

科学出版社 出版
北京东黄城根北街 16 号
邮政编码：100717
http://www.sciencep.com

北京中科印刷有限公司 印刷
科学出版社发行　各地新华书店经销

\*

2023 年 2 月第 一 版　开本：720 × 1000　1/16
2023 年 2 月第一次印刷　印张：14 1/2
字数：290 000

**定价：118.00 元**
（如有印装质量问题，我社负责调换）

# 丛 书 序 一

深入推进固废资源化、大力发展循环经济已经成为支撑社会经济绿色转型发展、战略资源可持续供给和"双碳"目标实现的重要途径，是解决我国资源环境生态问题的基础之策，也是一项利国利民、功在千秋的伟大事业。党和政府历来高度重视固废循环利用与污染控制工作，习近平总书记多次就发展循环经济、推进固废处置利用做出重要批示；《2030 年前碳达峰行动方案》明确深入开展"循环经济助力降碳行动"，要求加强大宗固废综合利用、健全资源循环利用体系、大力推进生活垃圾减量化资源化；党的二十大报告指出"实施全面节约战略，推进各类资源节约集约利用，加快构建废弃物循环利用体系"。

回顾二十多年来我国循环经济的快速发展，总体水平和产业规模已取得长足进步，如：2020 年主要资源产出率比 2015 年提高了约 26%、大宗固废综合利用率达 56%、农作物秸秆综合利用率达 86%以上；再生资源利用能力显著增强，再生有色金属占国内 10 种有色金属总产量的 23.5%；资源循环利用产业产值达到 3 万亿元/年等，已初步形成以政府引导、市场主导、科技支撑、社会参与为运行机制的特色发展之路。尤其是在科学技术部、国家自然科学基金委员会等长期支持下，我国先后部署了"废物资源化科技工程"、国家重点研发计划"固废资源化"重点专项以及若干基础研究方向任务，有力提升了我国固废资源化领域的基础理论水平与关键技术装备能力，对固废源头减量—智能分选—高效转化—清洁利用—精深加工—精准管控等全链条创新发展发挥了重要支撑作用。

随着全球绿色低碳发展浪潮深入推进，以欧盟、日本为代表的发达国家和地区已开始部署新一轮循环经济行动计划，拟通过数字、生物、能源、材料等前沿技术深度融合以及知识产权与标准体系重构，以保持其全球绿色竞争力。为了更好发挥"固废资源化"重点专项成果的引领和应用效能，持续赋能循环经济高质量发展和高水平创新人才培养等方面工作，科学出版社依托该专项组织策划了"固废资源化技术丛书"，来自中国科学院过程工程研究所、五矿集团、矿冶科技集团有限公司、同济大学、北京工业大学等单位的行业专家、重点专项项目及课题负责人参加了丛书的编撰工作。丛书将深刻把握循环经济领域国内外学术前沿动态，系统提炼"固废资源化"重点专项研发成果，充分展示和深入分析典型无机固废源头减量与综合利用、有机固废高效转化与安全处置、多元复合固废智能拆解与清洁再生等方面的基础理论、关键技术、核心装备的最新进展和示范应用，以期让相关领域广大科研工作者、企业家群体、政府及行业管理部门更好地了解固废资源化科技进步和产业应用情况，为他们开展更高水平的科技创新、工程应用和管理工作提供更多有益的借鉴和参考。

左铁镛

中国工程院院士

2023 年 2 月

# 丛书序二

我国处于绿色低碳循环发展关键转型时期。化工、冶金、能源等行业仍将长期占据我国工业主体地位，但其生产过程产生数十亿吨级的固体废物，造成的资源、环境、生态问题十分突出，是国家生态文明建设关注的重大问题。同时，社会消费环节每年产生的废旧物质快速增加，这些废旧物质蕴含着宝贵的可回收资源，其循环利用更是国家重大需求。固废资源化通过再次加工处理，将固体废物转变为可以再次利用的二次资源或再生产品，不但可以解决固体废物环境污染问题，而且实现宝贵资源的循环利用，对于保证我国环境安全、资源安全非常重要。

固废资源化的关键是科技创新。"十三五"期间，科学技术部启动了"固废资源化"重点专项，从化工冶金清洁生产、工业固废增值利用、城市矿产高质循环、综合解决集成示范等全链条、多层面、系统化加强了相关研发部署。经过三年攻关，取得了一系列基础理论、关键技术和工程转化的重要成果，生态和经济效益显著，产生了巨大的社会影响。依托"固废资源化"重点专项，科学出版社组织策划了"固废资源化技术丛书"，来自中国科学院过程工程研究所、中国地质大学（北京）、中国矿业大学（北京）、中南大学、东北大学、矿冶科技集团有限公司、军事科学院国防科技创新研究院等很多单位的重点专项项目负责人都参加了丛书的编撰工作，他们都是固废资源化各领域的领军人才。丛书对固废资源化利用的前沿发展以及关键技术进行了阐述，介绍了一系列创新性强、智能化程度高、工程应用广泛的科技成果，反映了当前固废资源化的最新科研成果和生产技术水平，有助于读者了解最新的固废资源化利用相关理论、技术和装备，对学术研究和工程化实施均有指导意义。

我带领团队从 1990 年开始，在国内率先开展了清洁生产与循环经济领域的技术创新工作，到现在已经 30 余年，取得了一定的创新性成果。要特别感谢科学技术部、国家自然科学基金委员会、中国科学院等的国家项目的支持，以及社会、企业等各方面的大力支持。在这个过程中，团队培养、涌现了一批优秀的中青年骨干。丛书的主编李会泉研究员在我团队学习、工作多年，是我们团队的学术带头人，他提出的固废矿相温和重构与高质利用学术思想及关键技术已经得到了重要工程应用，一定会把这套丛书的组织编写工作做好。

固废资源化利国利民，技术创新永无止境。希望参加这套丛书编撰的专家、学者能够潜心治学、不断创新，将理论研究和工程应用紧密结合，奉献出精品工程，为我国固废资源化科技事业做出贡献；更希望在这个过程中培养一批年轻人，让他们多挑重担，在工作中快速成长，早日成为栋梁之材。

感谢大家的长期支持。

中国工程院院士

2022 年 12 月

# 丛书前言

深入推进固废资源化已成为大力发展循环经济，建立健全绿色低碳循环发展经济体系的重要抓手。党的二十大报告指出"实施全面节约战略，推进各类资源节约集约利用，加快构建废弃物循环利用体系"。我国固体废物增量和存量常年位居世界首位，成分复杂且有害介质多，长期堆存和粗放利用极易造成严重的水-土-气复合污染，经济和环境负担沉重，生态与健康风险显现。而另一方面，固体废物又蕴含着丰富的可回收物质，如不加以合理利用，将直接造成大量有价资源、能源的严重浪费。

通过固废资源化，将各类固体废物中高品位的钢铁与铜、铝、金、银等有色金属，以及橡胶、尼龙、塑料等高分子材料和生物质资源加以合理利用，不仅有利于解决固体废物的污染问题，也可成为有效缓解我国战略资源短缺的重要突破口。与此同时，由于再生资源的替代作用，还能有效降低原生资源开采引发的生态破坏与环境污染问题，具有显著的节能减排效应，成为减污降碳协同增效的重要途径。由此可见，固废资源化对构建覆盖全社会的资源循环利用体系，系统解决我国固废污染问题、破解资源环境约束和推动产业绿色低碳转型具有重大的战略意义和现实价值。随着新时期绿色低碳、高质量发展目标对固废资源化提出更高要求，科技创新越发成为其进一步提质增效的核心驱动力。加快固废资源化科技创新和应用推广，就是要通过科技的力量"化腐朽为神奇"，将"绿水青山就是金山银山"的理念落到实处，协同推进降碳、减污、扩绿、增长。

"十三五"期间，科学技术部启动了国家重点研发计划"固废资源化"重点专项，该专项紧密面向解决固体废物重大环境问题、缓解重大战略资源紧缺、提升循环利用产业装备水平、支撑国家重大工程建设等方面战略需求，聚焦工业固废、生活垃圾、再生资源三大类典型固废，从源头减量、循环利用、协同处置、精准管控、集成示范等方面部署研发任务，通过全链条科技创新与全景式任务布局，引领我国固废资源化科技支撑能力的全面升级。自专项启动以来，已在工业固废建工建材利用与安全处置、生活垃圾收集转运与高效处理、废旧复合器件智能拆解高值利用等方面取得了一批重大关键技术突破，部分成果达到同领域国际先进水平，初步形成了以固废资源化为核心的技术装备创新体系，支撑了近 20 亿吨工业固废、城市矿产等重点品种固体废物循环利用，再生有色金属占比达到 30%，为破解固废污染问题、缓解战略资源紧缺和促进重点区域与行业绿色低碳发展发挥了重要作用。

　　本丛书将紧密结合"固废资源化"重点专项最新科技成果,集合工业固废、城市矿产、危险废物等领域的前沿基础理论、创新技术、产品案例和工程实践,旨在解决工业固废综合利用、城市矿产高值再生、危险废物安全处置等系列固废处理重大难题,促进固废资源化科技成果的转化应用,支撑固废资源化行业知识普及和人才培养。并以此为契机,期寄固废资源化科技事业能够在各位同仁的共同努力下,持续产出更加丰硕的研发和应用成果,为深入推动循环经济升级发展、协同推进减污降碳和实现"双碳"目标贡献更多的智慧和力量。

李会泉　何发钰　戴晓虎　吴玉锋

2023 年 2 月

# 前　言

高铝煤炭主要分布在内蒙古中西部、山西北部、宁夏东部等西北大型能源基地,因其具有煤铝镓共生的特征而得名。高铝煤炭经过燃烧产生的粉煤灰中氧化铝含量一般达到40%以上,称之为高铝粉煤灰,年排放量超过3000万吨,其氧化铝和氧化硅总含量接近90%,同时伴生具有可回收利用品位的锂、镓、稀土等煤型有色金属,资源综合利用价值高,但当前仍以占地堆存处置为主,资源浪费与环境污染严重。我国十分重视高铝粉煤灰的开发利用,将其作为原生铝土矿重要的替代性资源,其综合利用成为资源环境与循环经济领域具有国际战略意义的重大课题,国内诸多研究团队和骨干企业开展了提取氧化铝、制备矿物材料等技术研发和工程转化工作,积极探索高铝粉煤灰综合利用新途径。特别是,伴随我国提出"碳达峰""碳中和"重大战略部署,高铝粉煤灰铝硅锂镓资源的高效提取与循环利用对于保障我国煤炭资源的低碳洁净利用更具有重要的战略意义。

我带领团队自2012年开始从事高铝粉煤灰资源综合利用研发工作,逐步认识到,高铝粉煤灰是一种复杂的二次资源,实现其铝硅锂镓高效综合利用的关键在于其复杂矿物结构的活化解构与多种伴生资源的分质利用,由此团队开展了系统的研发工作,提出了多场强化协同活化-二氧化硅深度脱除-铝硅锂镓梯级利用的总体思路,突破了机械场-化学场协同强化、深度脱硅制备高端陶瓷材料、锂铝镓温和湿法协同提取等关键技术,部分成果在相关示范工程及中试线中得到了验证应用,在高铝粉煤灰温和活化与高值化利用领域取得一定成绩,初步形成了高铝粉煤灰铝硅锂镓全湿法清洁提取与高质利用理论及技术体系。

本书内容是我和团队在高铝粉煤灰铝硅锂镓综合利用领域多年研发工作的总结。第1章通过高铝粉煤灰特色资源物性特点和资源属性的分析,重点阐述了其铝硅锂镓伴生资源综合利用的发展趋势。第2章介绍了高铝粉煤灰中铝硅锂镓的矿相组成、赋存形态、配位结构及反应活性等基础物性,支撑高铝粉煤灰高值化利用技术的开发。第3章阐述了高铝粉煤灰温和活化、矿相深度分离相关研究理论,形成了机械化学协同活化深度脱硅共性的技术路线,为第4章和第5章的相关技术开发做铺垫。第4章介绍了脱硅粉煤灰制备莫来石-刚玉、莫来石-堇青石、莫来石-钛酸铝复合材料的相关技术及应用。第5章介绍了高铝粉煤灰低温液相法提取氧化铝、两步水热法提取氧化铝、低浓度含镓溶液富集分离、高碱体系锂离子富集分离等技术研究进展。第6章介绍了深度脱硅所得的高碱含硅溶液制备硅酸钙和分子筛等相关技术及应用。本书聚焦高铝粉煤灰复杂二次资源综合利用理论与技术创新进展，反映了以高铝粉煤灰为代表的大宗煤基固废高质循环利用的技术发展趋势，希望能够对国内外本领域同行的研究工作有所借鉴，共同推进高铝粉煤灰重大特色资源综合利用技术创新。

本书研究内容得到了国家自然科学基金-山西煤基低碳联合基金重点支持项目"典型粉煤灰铝硅协同规模化制备矿物复合材料基础研究"（项目号：U1810205）的支持，是该项目的重要成果产出。同时，涉及的相关研究工作也得到了国家重点研发计划项目/课题（2019YFC1904302、2021YFC2902602）、国家自然科学基金面上项目（52174390）及青年科学基金项目（51704272、51804293）、山西省科技重大专项（No. MC2016-05）、内蒙古自治区科技计划项目（201501059）等支持，在此表示诚挚的感谢。

同时特别感谢张懿院士、李佐虎研究员对我及团队近 20 年的培养。我于 1999 年 8 月进入中国科学院化工冶金研究所（2001 年更名为中国科学院过程工程研究所）开展博士后研究工作，在张懿院士、李佐虎研究员带领下开展铬盐液相氧化清洁工艺的技术攻关与工程试验，两位导师亲临一线、攻坚克难的身影依然历历在目，难以忘怀。现在两位先生已过杖朝之年，但仍然关心科研工作的进展，倾力培养青年人才发展。"一声报国一生情"，老一辈科学家情怀时时激励我们不忘初心、砥砺前行。在此衷心感谢两位先生！

李少鹏、张建波、朱干宇、杨晨年、侯新娟分别具体参与了相关章节的撰写与整理，曲江山、史达、齐放、王驰博士研究生协助了文字整理工作。本书的研究工作也是张建波、朱干宇、杨晨年、王兴瑞、回俊博、胡朋朋、林滨、闫振雷、许雪冰、贺实月、竹小宇、文朝璐等在研究生期间的研究工作提炼总结，在此一并表示感谢。

多年来，团队的相关工作得到了领域内外各位同仁的大力支持，在此一并致以衷心谢意！

由于作者水平有限，书中多有不足之处，敬请批评指正，不胜感激。

李金柱

2022 年 6 月
于中国科学院过程工程研究所

# 目　录

# 第 1 章

# 高铝粉煤灰概况

高铝粉煤灰通常是指氧化铝含量大于 38%的粉煤灰，主要分布于我国内蒙古中西部、山西北部和宁夏东部地区，年产生量大于 3000 万吨。与普通粉煤灰在东南沿海等地基本完全利用不同，高铝粉煤灰主要产生于西北地区，受制于市场容量、运输半径等因素，综合利用率小于 40%，目前仍以堆存为主，对社会、生态、环境影响较大。在资源、环境双重作用及"碳达峰""碳中和"战略目标下，开展高铝粉煤灰的规模化和高值化利用将支撑西北大型能源基地特色二次资源高效利用并有利于煤电行业健康发展。

## 1.1 粉煤灰产生及利用状况

中国能源结构主要呈现"多煤、贫油、少气"的特点，煤炭在我国能源供应中起到关键保障作用。2020 年，全国原煤产量达到 39.0 亿吨[1]。燃煤发电是我国电力输出的主体，全国近 70%的电力由火力发电厂产生。

火力发电过程中，将原煤进行细磨处理后得到煤粉，在煤粉炉或循环流化床中，煤中的有机质通过燃烧释放热能，高岭土、伊利石、方解石等无机组分经过高温熔融与骤冷聚合后形成煤灰渣[2, 3]。燃煤产生的灰渣量一般占原煤质量的 15%~25%，其组成与含量根据燃煤种类的不同而变化。灰渣中的细颗粒随热烟气沿锅炉烟道流动，在经过除尘设备时被捕集的部分称为粉煤灰，又称飞灰或者飘灰。部分煤粉颗粒在燃烧后相互黏结沉积在炉膛底部，一般称为底灰或炉渣，其中粉煤灰约占煤灰渣总量的 70%，是火力发电过程中排放的主要固体废弃物。

如图 1.1 所示，2020 年中国粉煤灰排放量达到 7.81 亿吨，综合利用量不足 4.5 亿吨[4]，综合利用率在 70%左右。对比逐年数据，粉煤灰的产生量趋于平缓，但是整体的利用率并没有明显的提升，尤其在我国产煤与燃煤较为集中的山西、内蒙古等地，受当地经济条件与运输成本半径制约，无法大规模消纳粉煤灰，利用率不足 40%，大量堆存对当地的生态环境造成了较大破坏[5]。结合国内能源结构现状，今后相当长的一段时期内，煤粉燃烧发电仍是电力供应的主体，因此积极推动粉煤灰的高效综合利用，开拓其高附加值利用的新途径，将有助于促进煤电行业的健康发展[6]。

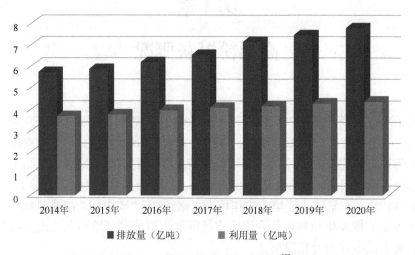

图 1.1  粉煤灰排放量与利用量[7]

从利用方式来看，我国粉煤灰主要应用于建工建材、道路工程、填筑材料与农业应用，如图 1.2 所示。其中建工制品主要是制备混凝土砌块等建材，用以替代水泥原料，此类用灰量占总量的 45%，成为粉煤灰最主要的消纳方式。上述利用方式均是较为单一与粗放的利用方式，一方面极大限制了粉煤灰的利用与消纳，另一方面也造成了粉煤灰中有价组分的浪费，粉煤灰在高附加值利用领域仅占总利用率的 5%。国家能源局在《煤炭清洁高效利用行动计划（2015—2020 年）》中明确指出，积极推广粉煤灰在建筑材料、土壤改良等方面的综合利用，着力推动粉煤灰的大宗规模化及精细化利用技术[8]。

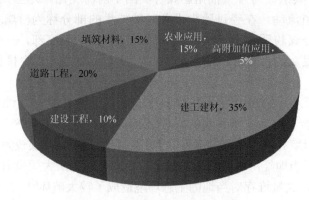

图 1.2  粉煤灰的主要利用方式[9]

# 1.2　高铝粉煤灰产生及危害

在我国内蒙古中西部与山西北部等地，由于特殊的地质构造背景，在晚古生代煤层中富含有大量的一水软铝石和高岭石等富铝矿物，并且伴生有锂、镓、钛、铈等稀有金属元素，称之为高铝煤炭[10, 11]。据统计，我国高铝煤炭的远景储量可达到 1000 亿吨，已探明储量达到 319 亿吨，其中内蒙古自治区 237 亿吨，山西省 76 亿吨。上述区域是我国重要的煤电基地，电力供应北京、河北等多个地区。高铝煤炭经燃煤发电后产生的飞灰中，氧化铝含量可达到 40%以上，相当于中低品位铝土矿中的氧化铝含量，因此将其称为高铝粉煤灰[12]。高铝粉煤灰的年产生量已超过 3000 万吨，按照目前高铝煤炭的探明储量估计，高铝粉煤灰的产生总量可达 62.5 亿吨，若全部利用至少可使我国铝资源保障年限延长 30～40 年[13]。

但目前高铝粉煤灰利用率较低，累计堆存量已达到数十亿吨[14]。且山西北部、内蒙古中西部等地区生态环境较为单一，生态系统脆弱且修复难度大，高铝粉煤灰的大量堆积将会对当地的生态环境造成极大的威胁与破坏[15-18]，具体表现在以下几个方面。

1）土地资源的占用

高铝粉煤灰的堆存方式与普通粉煤灰基本一致，目前大多数燃煤电厂将收尘后的高铝粉煤灰直接收集于罐车中，输送至灰场堆存或填沟造地。按 40%的粉煤灰综合利用率进行估算，每年新增灰场的占地面积高达 300 $hm^2$，造成土地资源大量浪费，并对当地的生态环境造成极大的威胁[19, 20]。

2）水体污染

在高铝粉煤灰堆场建设过程中，都会预先进行防渗滤处理，防止渗滤液下渗污染地下水。而在长期堆存的过程中，防渗装置的老化不可避免，存在渗漏的可能性。高铝粉煤灰中含有微量的 Pb、Cr、Cd 等重金属元素[21, 22]，在自然降水的条件下，粉煤灰中的部分重金属元素将被浸出，逐步渗漏富集后可能通过土壤与岩石缝隙扩散到地下水中，且山西朔州、内蒙古鄂尔多斯等地距离黄河等水源地较近，容易对地下水与河流环境造成潜在风险。

3）大气环境的破坏

高铝粉煤灰中约 20%为空心微粒结构，在有风的情况下很容易扩散。粉煤灰极易经过风蚀作用后引起灰场周边环境的降尘量、$PM_{10}$ 含量大幅增加，形成二次扬尘空气污染。内蒙古、山西等地是西北风的源头，大量排放的高铝粉煤灰在风力作用下成为沙尘暴的成分之一，向东南方向迁移，加重了沙尘污染。

4）威胁人类健康

高铝粉煤灰作为特殊的粉煤灰，其危害性与普通粉煤灰基本一致。粉煤灰对土壤、大气、水体的污染会通过呼吸、饮水等途径直接进入人体，将直接或间接影响人类的健康[23, 24]；扬灰会直接威胁人类的生命安全，易引发呼吸道疾病，过多的粉尘将作为病毒传播的载体，容易在粉体表面携带或滋生病毒；同时粉煤灰扬尘接触人体将会造成眼睛发炎或者皮肤轻度灼伤；粉煤灰中的重金属等有害物质被人体摄入后，累积到一定的水平时也会导致重金属中毒。

## 1.3　高铝粉煤灰的利用状况

### 1.3.1　规模化低附加值应用

1）建工建材利用

高铝粉煤灰在物理性质方面与普通粉煤灰较为类似，具有容重低、稳定性好、耐高温等优点，因此可以作为良好的原料应用于建工建材领域。例如，高铝粉煤灰可以代替黏土生产水泥，用作水泥掺合料[25, 26]，也可以利用其物相组成特点生产蒸养砖、烧结砖、墙体材料、轻质骨料等[27, 28]。且粉煤灰中仍存在部分未燃烧的残留碳，在水泥熟料烧制阶段可节省部分燃料[29, 30]。同时由于粉煤灰属于人工火山灰质材料，具有火山灰活性，其在与石灰或水泥熟料等碱性激发剂相互接触时，将生成铝酸钙与水化硅酸钙等具有水硬胶凝性能的物质，改善水泥制品的结构性能，提高制品的强度与使用性能[31, 32]。但由于山西、内蒙古等地建材行业规模不大，建材市场需求量较小，目前仅部分细灰用于建材生产中。

2）道路交通基建

高铝粉煤灰是良好的道路工程施工原料。在公路面层建设时，高铝粉煤灰的掺入可以减少水泥的使用量，同时可以填充骨架之间的空隙，增加整体密实程度与强度，改善混合料的和易性，提升公路面层的耐压强度与耐磨性能。应用于路面基层时，粉煤灰的掺入可以减少石灰的使用量，同时保证基层具有较高的抗折强度[33]。目前国内对高铝粉煤灰应用于道路建设方面的单独研究较少，大多仍以普通粉煤灰为原料开展相关研究，例如徐昆等[34]将粉煤灰与矿渣作为原材料修筑露天矿山运输道路，通过对掺量配比条件的优化，所修建的道路抗压强度可达到100 MPa，满足矿山道路要求。Poltue等[35]利用粉煤灰与稻壳灰提升了再生混凝土的抗压强度，并且制备出轻质稳定的路基材料。总体上，高铝粉煤灰应用在道路交通基建领域仍存在内蒙古中西部、山西北部地区下游市场容量小等问题，难以实现规模化消纳。

3）农业土壤改良

目前国内对于高铝粉煤灰应用于土壤改良的研究较少，但基于高铝粉煤灰与普通粉煤灰在物理、化学等方面类似的性质,高铝粉煤灰仍具有用于土壤改良的利用前景。国内对于粉煤灰颗粒表面物理化学性质与组成特点,在农业领域主要是将其利用在土壤酸碱度调节[36]、土壤结构改良[37]、农作物种植及病虫防害[38, 39]方面。煤粉在高温燃烧过程中熔融态物质将与气体共同作用,形成多孔疏松的包裹结构,使其具有较大的孔隙率与比表面积。利用其上述特点,可使土壤变得疏松多孔,提升土壤的透气性,并对土壤中的重金属进行有效的吸附与固化。根据粉煤灰酸碱性质的不同,可施加粉煤灰用于改善土壤的 pH 值,起到改良土壤的作用。高铝粉煤灰中含有 N、P、K、Ca、Mg、Na 等有利于植物生长的营养元素,施加粉煤灰可以对已退化的土壤进行养分补给,提升土壤的肥力与固氮能力,同时高铝粉煤灰中约 7%的 Fe 可有效防治农作物疾病,提升农作物的产量。总体上,针对高铝粉煤灰用于土壤改良利用,目前仍处于研究阶段,未来仍需重点明确其长期施用对土壤、环境及人类健康产生的危害问题。

## 1.3.2　高附加值利用——有价元素的提取

伴随国内铝土矿资源储量的逐年降低,我国对国外铝土矿资源依赖度日益增加。据统计,2019 年中国铝土矿的进口量达到 1 亿吨,同比往年增加了 21.68%。高铝粉煤灰中以铝硅元素为主,同时含有锂、镓、锗等有价元素[40, 41],资源储量巨大。针对其上述特点,目前关于高铝粉煤灰的高值化利用研究主要集中于 Al、Li、Ga 等有价元素的提取与富集[42-44]。实现对粉煤灰的高附加值应用,有望在解决粉煤灰消纳的同时提升固体废弃物的利用价值,降低我国对铝土矿、锂资源等关键矿产的对外依存度[45]。

20 世纪 20 年代起,国内外在高铝粉煤灰提取氧化铝方面开展了大量研究工作,形成了酸法[46-50]、碱法[51-54]、酸碱联合法[55-57]、烧结法等[58-62]等多种技术路线,制备的主要产品包括氯化铝[63]、硫酸铝[64]、氧化铝[65]等。其中代表性技术包括石灰石烧结法、碱石灰烧结法、预脱硅-碱石灰烧结法、硫酸铵焙烧法、一步酸溶法提铝、亚熔盐法等。蒙西集团采用石灰石烧结法建成工业化生产线[66],大唐集团采用预脱硅-碱石灰烧结法建成 20 万吨/年氧化铝生产线[67]。神华集团采用"一步酸溶法"建成 4000 吨/年氧化铝中试线[68]。但现有碱法工艺存在工艺流程长、操作弹性小、物耗高、硅钙渣产生量大等问题,而酸法工艺存在对设备材质的腐蚀性要求高、除杂困难、系统水平衡等问题。总体上,目前从高铝粉煤灰提取氧化铝的工业化应用仍未实现稳定运行。

此外,国内外在高铝粉煤灰中硅、锂、镓、锗等资源的利用方面也开展了相关研究。粉煤灰中的硅可用于制备无定形二氧化硅系列产品与硅基复合材料[69, 70]。在碱性溶液中,高铝粉煤灰中的非晶态二氧化硅会进入液相产生高碱性的含硅溶液，向该溶液中加入石灰乳苛化处理后可合成水合硅酸钙，固液分离的苛化母液可经过浓缩循环回用。部分高铝粉煤灰中的锂含量超过了 1000 μg/g[71]，具有较高的商业提取价值。高铝粉煤灰中的锂被浸出到液相后含量较低，需先经多次循环富集后再进行分离提纯。高铝粉煤灰中的镓含量大约在 60～100 μg/g，达到工业可利用的品位（30 μg/g），在粉煤灰提取氧化铝过程中，镓元素会伴随铝进入浸出液，并经过多次循环实现富集，目前主要采用吸附法对粉煤灰中的镓元素进行提取[72, 73]。粉煤灰中的锗元素主要以锗酸盐复合氧化物的形式存在[74]，目前通常采用火法焙烧将锗富集于烟尘中，进一步采用酸法浸出分离，对粉煤灰中的锗进行二次富集提取利用[75]。

### 1.3.3　高附加值利用——铝硅复合材料的制备

铝土矿是氧化铝工业的主要原料，2020 年国内铝土矿开采量超过 9000 万吨，其中近 90%的铝土矿用于提取氧化铝，剩余 10%用于生产耐火材料与高铝水泥等制品[76]。高铝粉煤灰中元素以铝、硅为主，矿相结构以莫来石、刚玉相为主。鉴于上述特点，将高铝粉煤灰作为原料替代铝土矿制备系列铝硅材料成为其资源化利用的另一条重要途径[77]。目前研究主要集中在莫来石[78, 79]、堇青石[80, 81]、多孔陶瓷[82-84]、沸石分子筛[85-88]等高值化产品的制备。

1）莫来石的制备

莫来石（$3Al_2O_3 \cdot 2SiO_2$）是氧化铝与二氧化硅形成的二元固溶体化合物，具有耐高温、高强度及导热系数低等优点，被广泛应用于耐火材料等领域。莫来石的理论铝硅比在 2.55 左右，而高铝粉煤灰的铝硅比仅在 1.0 左右，为达到莫来石的组成配比，一方面可通过预脱硅的方式提高高铝粉煤灰的铝硅比。Guo 等[89]利用脱硅粉煤灰制备出莫来石基陶瓷，并研究了二氧化硅的脱除对材料性能的影响，发现非晶态铝硅酸盐的脱除可以有效提升材料的力学性能。Ji 等[90]利用机械-化学的手段制备出脱硅粉煤灰，通过成型-烧结制备得到体积密度达到 2.93 g/cm³的莫来石基材料。另一方面可通过添加富铝原料，用以提升粉体的铝硅比。陈江峰等[79]通过在高铝粉煤灰中掺加氧化铝，制备出高牌号（M60、M70）莫来石材料。Foo 等[91]利用粉煤灰与铝灰，制备出热膨胀性能良好的莫来石基陶瓷。因此，在利用高铝粉煤灰制备莫来石基材料的过程中，实现高铝粉煤灰内部非晶态二氧化硅的深度脱除、提高粉体铝硅比、减少材料制备过程中外加铝源的掺入、控制粉体的元素组成与矿相结构是制备的关键。

2）莫来石-堇青石复合材料的制备

堇青石（$2MgO \cdot 2Al_2O_3 \cdot 5SiO_2$）具有热膨胀系数低、高温热稳定性好等优势，广泛应用在陶瓷、玻璃以及汽车尾气净化器的载体材料等领域。Tabit 等[92]利用粉煤灰作为主要原料，所制备的堇青石陶瓷导热率达到 1.12 W/(m·K)，抗压强度可达到 128 MPa。胡朋朋等[93]以经过脱硅处理后的高铝粉煤灰与滑石粉混合，通过一步原位烧结制备出堇青石-莫来石复合材料，所制备的材料体积密度达到 1.96 g/cm³。Hui 等[94]利用石棉尾矿与粉煤灰合成出堇青石多孔陶瓷，研究发现 Na/K 等碱金属的掺入可以降低烧结温度。陈江峰等[95]利用粉煤灰与滑石粉，在 1350℃下合成出主要物相是 α-堇青石的堇青石材料，其物理性能可以满足堇青石的质量要求。高铝粉煤灰中铝硅元素含量高，可作为堇青石材料制备的优质原料，但其较低的铝硅比与较高的杂质含量是限制堇青石材料制备的关键。

3）莫来石-钛酸铝复合材料的制备

钛酸铝材料是一种具有低热膨胀系数、高熔点、低导热率、抗热震性能与抗腐蚀性能的优质材料[96]，但其在使用过程中存在高温易分解、力学性能差等问题，限制了其应用与发展。研究发现，通过在钛酸铝材料制备过程中添加莫来石、刚玉等复合相可以有效提升其力学强度。陈之伟等[97]以粉煤灰为原料，通过微生物发泡法和淀粉原位固化法制备出具有较好耐腐蚀性能的钛酸铝-莫来石多孔陶瓷。闫明伟等[98]利用低品位的铝矾土制备出钛酸铝-莫来石复合材料，研究发现 $Fe^{3+}$ 与 $Ti^{4+}$ 可以抑制钛酸铝的分解，提升复合材料的热稳定性。高铝粉煤灰的矿相结构主要以莫来石与刚玉相为主，可以作为复合相参与钛酸铝材料的制备过程，合成出莫来石-钛酸铝复合材料，实现高铝粉煤灰的高值化利用。

将高铝粉煤灰进行分质利用，充分发挥其元素组成与矿相结构特点，实现对高铝粉煤灰的规模化与高值化利用，不仅可降低传统材料制备过程的成本，而且可有效发挥高铝粉煤灰自身的资源属性优势，实现环境保护与资源利用的双重效益。但是利用高铝粉煤灰制备莫来石基复合材料过程中仍存在以下几个问题：①高铝粉煤灰铝硅比较低，为达到对应材料的成分组成，材料制备过程中需补充大量富铝原料，经济成本较高；②高铝粉煤灰为瘠性料，材料制备过程中难压制成型；③高铝粉煤灰内部存在有非晶态铝硅酸盐及部分杂质元素，难以控制产品质量的稳定性，限制了其产品的推广与利用。综上，实现高铝粉煤灰内部非晶态铝硅酸盐的深度脱除、提升粉体的铝硅比及塑性、稳定粉煤灰内部元素组成与矿相结构是其材料化制备的核心关键点。

基于上述分析，高铝粉煤灰作为我国西北大型能源基地产生的特色煤基固体废物，资源总量巨大，现有建工建材等利用方式受市场、运距等因素限制，利用量较低，难以满足千万吨级高铝粉煤灰规模化与高值化利用的需求。本书从高铝粉煤灰的基础物性分析入手（第 2 章），重点阐述高铝粉煤灰的矿相组成与元素分布特征；进一步提出高铝粉煤灰分质利用-伴生元素协同提取的学术思路，首先提出矿相分质利用制备铝硅复合材料技术，采用机械-化学协同活化、深度脱硅的手段实现高铝粉煤灰中非晶态铝硅酸盐的高效分离（第 3 章），针对分离后的以莫来石相为主的脱硅粉煤灰，阐述其在制备莫来石基矿物复合材料方面的进展（第 4 章）；其次提出高铝粉煤灰铝锂镓协同提取技术（第 5 章），对高铝粉煤灰水热法提铝、吸附法提锂镓进行系统阐述；最后，针对高铝粉煤灰伴生硅组分的利用进行系统介绍（第 6 章），力图通过本书为我国特色高铝粉煤灰资源的有效利用提供解决思路。

# 第 2 章

# 高铝粉煤灰基础物性研究

高铝粉煤灰中主要由 $Al_2O_3$、$SiO_2$、$CaO$、$Fe_2O_3$、$TiO_2$ 等氧化物组成，其中 $Al_2O_3$ 含量大于 40%，$Al_2O_3$ 和 $SiO_2$ 含量总和约 90%，主要以非晶相铝硅酸盐、莫来石、刚玉等矿相形式存在，非晶相矿相比例约为 50%，莫来石/刚玉相比例约为 50%，铁钙钛等杂质含量较普通粉煤灰偏低，主要与铝硅酸盐矿物发生嵌黏夹裹，其颗粒主要呈球形和无规则形态，粒度在 50～200 μm，其特殊的元素组成、矿相构成以及颗粒物理特性为其资源化高值利用提供基础。目前高铝粉煤灰资源化利用技术主要利用元素组成特性进行铝硅元素提取等相关研究，缺乏对矿物的结构特点以及反应活性等方面的研究。

基于元素提取、复合材料制备等技术瓶颈的需求，本章重点研究了不同元素与矿相的赋存形态、铝硅配位结构特点、孔道结构特征，同时结合分子模拟手段和密度泛函理论（DFT）计算，构建了不同矿相的原子配位结构模型，明确了不同元素与其反应活性的关联性，为矿相分离和元素提取提供了理论依据。

## 2.1 高铝粉煤灰的化学特性

### 2.1.1 高铝粉煤灰的化学成分

高铝粉煤灰中主要成分为 $Al_2O_3$ 和 $SiO_2$，其含量总和约 90%，氧化铝含量大于 40%。将内蒙古准格尔地区典型的高铝粉煤灰与普通粉煤灰化学成分进行比较（表 2.1），高铝粉煤灰中 $Al_2O_3$ 含量可达 50%左右，$SiO_2$ 含量约为 40%，同时，铁、钛、钙等杂质总量约为 7%～8%，烧失率（LOI）可达 2%～3%，说明高铝粉煤灰属于高铝低硅低杂类型，而普通粉煤灰则属于高硅低铝高杂类型[99]。高铝粉煤灰中除含有 Ca、Fe、Mg、Ti、Na、K 等元素外，还含有多种微量元素，这些微量元素主要来自于煤中无机物，包括 Se、Hg 等易挥发重金属元素，As、Pb 等有毒元素，Th、U 等放射性元素，Ga、Li、Y、Ge 等稀有金属元素。

表 2.1　不同粉煤灰的化学成分（%，质量分数）及比较

| 样品 | Al$_2$O$_3$ | SiO$_2$ | Fe$_2$O$_3$ | CaO | MgO | TiO$_2$ | K$_2$O | Na$_2$O | LOI |
|---|---|---|---|---|---|---|---|---|---|
| 高铝粉煤灰 | 51.20 | 40.20 | 1.40 | 3.20 | 0.52 | 1.40 | 0.42 | 0.13 | 2.87 |
| 普通粉煤灰 | 27.10 | 50.60 | 7.10 | 2.80 | 1.20 | — | 1.30 | 0.50 | 8.20 |

## 2.1.2　高铝粉煤灰的矿相组成

　　高铝粉煤灰的矿相结构以莫来石、刚玉以及非晶态铝酸盐为主。莫来石主要由原煤中高岭石在高温条件下转化所得，刚玉相为煤炭中勃姆石在高温燃烧时失水转变所得。$2\theta$ 衍射角在 20° 左右有一个明显的"鼓包峰"，代表高铝粉煤灰中的非晶态铝硅酸盐相，其主要来源于高温燃烧过程中，部分熔融状态的液体受到外界温度的骤冷变化，其内部原子间的排序无法达到晶体的有序排列程度，处于过渡态，因此其内部的化学键更容易断裂，具有较高的反应活性（图 2.1）。

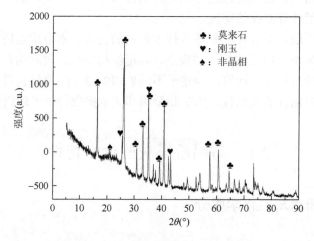

图 2.1　高铝粉煤灰 XRD 谱图[99]

## 2.1.3　高铝粉煤灰的铝硅结构特性

　　高铝粉煤灰具有复杂的铝硅配位结构，不同的配位结构会影响其元素的反应性。高铝粉煤灰中 Al—O—Si 的化学环境可通过 $^{29}$Si 核磁分析进行分析。−79 ppm、−87 ppm、−93 ppm、−96 ppm 和 −108 ppm 代表不同配位的铝硅酸盐，−87 ppm 处是 Q$^4$(4Al) 峰位，硅氧周围连接 4 个铝原子结构，在粉煤灰中以 Q$^4$(4Al) 配位形成稳定的骨架结构，是莫来石相（3Al$_2$O$_3$·2SiO$_2$）的铝氧硅配位结构（图 2.2）。

−108 ppm 峰位是 $Q^4(0Al)$峰位，硅氧周围连接 4 个硅原子结构形成空间网状的四面体，主要是非晶态二氧化硅和石英相，而高铝粉煤灰中石英相极少，因此该峰位主要是以 $Q^4(0Al)$配位形成非晶态二氧化硅峰。−96 ppm 和−93 ppm 峰位分别是 $Q^4(2Al)$和 $Q^4(3Al)$的配位结构，分别是硅氧周围连接 2 个和 3 个铝原子结构形成的空间网状四面体，主要是非晶相中不同铝硅酸盐矿相。−79 ppm 峰位处主要是 $Q^2(1Al)$结构，硅氧原子链端只有一个铝原子形成的一种链状结构，也是非晶相的一种铝硅酸盐结构。

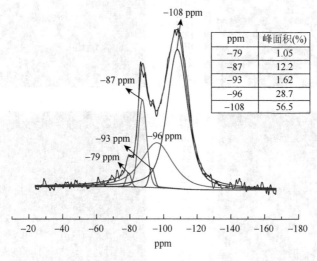

| ppm | 峰面积(%) |
|------|------|
| −79 | 1.05 |
| −87 | 12.2 |
| −93 | 1.62 |
| −96 | 28.7 |
| −108 | 56.5 |

图 2.2　高铝粉煤灰的 $^{29}$Si MAS NMR 谱图[99]

## 2.2　高铝粉煤灰的物理特性

### 2.2.1　高铝粉煤灰的形貌及元素分布

以内蒙古准格尔地区（高铝煤炭重要产地）典型的高铝粉煤灰为例，其外观颜色主要与其化学组成、粒度、含水率以及残留碳含量等因素有关。高铝粉煤灰外观一般呈灰白色粉末状。在煤粉炉燃烧过程中，由于存在高温急冷过程，高铝粉煤灰颗粒形貌呈现出球形与非球形细杂弥散的分布状态。

采用电子探针 X 射线显微分析仪对高铝粉煤灰的形貌与元素分布进行分析，高铝粉煤灰中铝硅元素分布区域相互重合，说明亮点处主要是铝硅酸盐（图 2.3）。根据其矿相分析，高铝粉煤灰（HAFA）中铝硅矿相主要有莫来石相、玻璃相、刚玉相等，因此可以推断晶相与非晶相之间相互嵌黏包裹，同时发现杂质元素 Fe、

Ti、Ca 均在高铝粉煤灰中有单独的富集相，这与粉煤灰中存在的铁质微珠、赤铁矿、金红石等原生矿相有关。

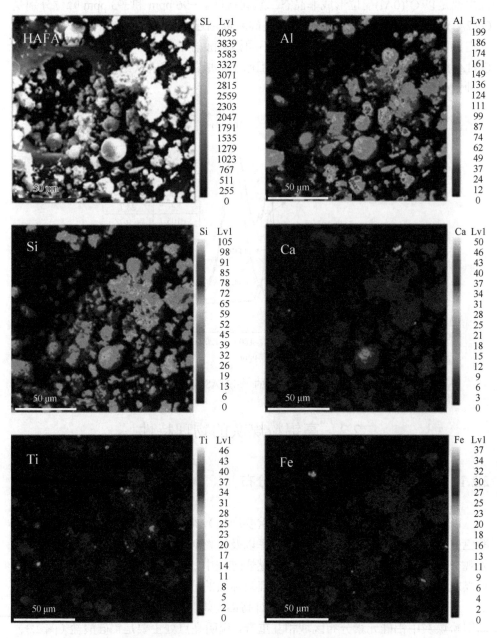

图 2.3　高铝粉煤灰的形貌及元素分布图[99]

## 2.2.2　高铝粉煤灰的孔道结构

高铝粉煤灰的吸附等温线类型属于第 II 型，基本无微孔和介孔（图 2.4）。采用 BET（Brunauer-Emmett-Teller）测试法对高铝粉煤灰的孔容与比表面积进行计算分析，发现高铝粉煤灰的孔容为 0.013 cm³/g，比表面积为 2.76 m²/g。

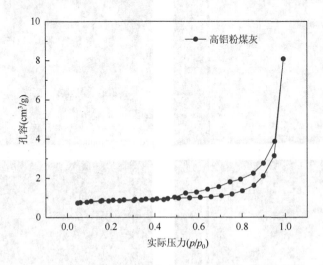

图 2.4　高铝粉煤灰的孔径分布及 $N_2$ 吸附-脱附等温线[99]

## 2.3　高铝粉煤灰中铁钛钙的赋存形态

除常量元素铝、硅外，高铝粉煤灰中的杂质元素主要包括铁、钛、钙等。在高铝粉煤灰资源化利用过程中，部分产品对杂质元素的含量有明确的要求，杂质元素会影响产品性能[100, 101]。例如 Fe 将影响产品的色泽与耐火度[102]，Ti 将影响产品的高温蠕变性能[103]，Na、K 等碱金属元素将影响产品的高温使用性能[104-106]。因此需要进一步对粉煤灰内部杂质元素铁钛钙的赋存状态与反应活性进行深入研究。

### 2.3.1　铁钛钙的分布

高铝粉煤灰具有复杂的矿相结构和元素组成。其杂质元素的分布主要与原煤的矿相组成与燃烧过程有关。采用电子探针对铁钛钙杂质元素的分布进行研究，发现大部分铁均匀分布在高铝粉煤灰中，少量以铁质微珠的形式存在；一部分钛在高铝粉煤灰中与铝硅酸盐结合，另一部分以独立矿相的形式存在，说明均匀分布的铁、钛杂质已进入莫来石晶格或被无定形铝硅酸盐包裹。杂质元素钙较为均匀地分布在高铝粉煤灰的表面，同时发现一部分富钙组分以单独相的形式存在（图2.5）。

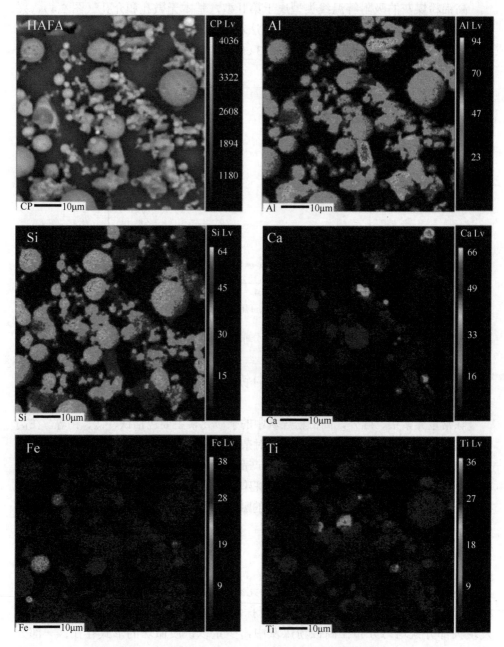

图 2.5　高铝粉煤灰中铁钛钙元素的电子探针扫描图[107]

### 2.3.2　铁钛钙的价态

铁钛钙杂质元素的价态分布与其赋存状态密切相关。采用 X 射线光电子能谱对高铝粉煤灰中的 Al、Fe、Ti、Ca 进行分析。在高铝粉煤灰中，铝元素主要以 $Al^{3+}$ 的形式存在，铁元素属于过渡族金属元素，主要以 $Fe^{2+}$ 与 $Fe^{3+}$ 的形式存在，对应形成 $Fe_2O_3$、$FeO$、$Fe_3O_4$。高铝粉煤灰中铁元素的化学形态主要取决于高铝煤炭中原生的富铁矿物，如黄铁矿、菱铁矿等，同时其价态变化也随燃烧工况及所处环境气氛发生相应的改变（图 2.6）。分峰拟合计算表明以 $Fe^{3+}$ 形式存在的铁元素占 63.08%，以 $Fe^{2+}$ 形式存在的铁元素占 36.92%。高铝粉煤灰中的 Ti 元素可能以 $Ti^{2+}$、$Ti^{3+}$、$Ti^{4+}$ 的形式存在，对应形成 $TiO$、$Ti_2O_3$、$TiO_2$。高铝粉煤灰中的 Ti 元素的化学形态主要取决于原煤中的金红石相，在燃烧过程中部分 Ti 元素被还原为低价的氧化物。通过分峰拟合计算发现，以 $Ti^{2+}$ 形式存在的钛元素占 22.86%，以 $Ti^{3+}$ 形式存在的钛元素占 12.68%，以 $Ti^{4+}$ 形式存在的钛元素占 64.46%。高铝粉煤灰中 Ca 元素化学形态较为单一，全部以 $Ca^{2+}$ 的形式存在，对应在高铝粉煤灰中以 $CaO$、$CaCO_3$、$CaSO_4$ 等形式存在。

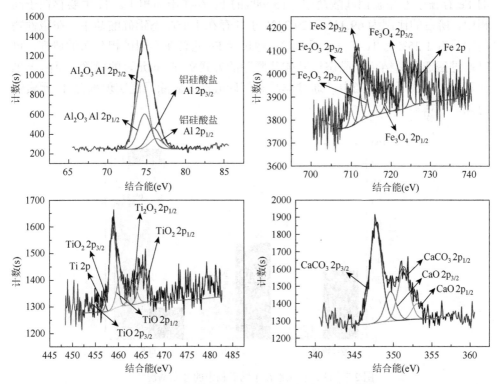

图 2.6　高铝粉煤灰中 Al/Fe/Ti/Ca 的 XPS 图[107]

### 2.3.3 铁钛在不同矿相中的含量

对高铝粉煤灰不同矿相中的铁钛杂质元素进行定量分析，以进一步评估其中铁和钛的含量。通过矿相分离实验将高铝粉煤灰中的矿相分为结晶相（莫来石、刚玉和石英）、非晶相和铁质微珠相。通过酸碱联合法处理高铝粉煤灰中的不同矿相，高铝粉煤灰中铁质微珠的质量分数为 1.84%，非晶相的比例为 30.16%，结晶相比例达到 68.00%（表 2.2）。

表 2.2 高铝粉煤灰矿相定量分析

| 矿相 | 结晶相 | 非晶相 | 磁性物质 |
|---|---|---|---|
| 占比（%） | 68.00 | 30.16 | 1.84 |

分别对高铝粉煤灰、磁性物质、晶相进行溶样测试，通过质量法测定 Fe、Ti 在不同矿相中的含量。通过对比发现 34.78% 的 Fe 存在于磁性物质中，49.24% 的 Fe 存在于非晶态铝硅酸盐中，15.98% 的 Fe 存在于晶相中。Ti 主要存在于晶相中，所占的比例为 69.41%，29.34% 的 Ti 存在于非晶态铝硅酸盐中，在磁性物质中只有 1.25% 的 Ti 存在（图 2.7）。通过对 Fe 元素在不同矿相分布的研究，可以通过磁选分离结合非晶态铝硅酸盐脱除的方式实现 Fe 元素的脱除。而由于 Ti 元素大多存在于晶相当中，通过非晶态铝硅酸盐的脱除只能实现部分 Ti 元素的脱除。

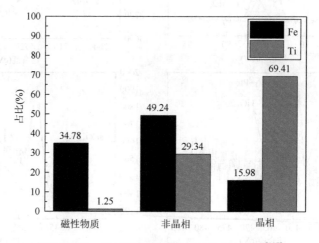

图 2.7 铁、钛元素在不同矿相中的分布情况[107]

### 2.3.4　铁钛的反应活性

　　为进一步厘清杂质元素在高铝粉煤灰中不同配位结构下的反应活性,通过构建反应模型,开展 Fe、Ti 原子在高铝粉煤灰中反应活性的研究,将有助于对高铝粉煤灰中元素赋存状态的深入认识,同时为非晶态铝硅酸盐的深度脱除与材料制备提供理论指导。高铝粉煤灰中的莫来石晶体主要是由燃煤中的高岭石高温转变所得,在高岭土中部分 $Fe^{3+}$ 会替代 $Al^{3+}$,在高温形成莫来石的过程中, 部分铁原子会以固溶体的形式存在于高铝粉煤灰中。Ti 主要以金红石的形式存在于高铝粉煤灰中, Ti 原子具有较小的原子半径,在高温燃烧条件下可以嵌入莫来石晶格内部,形成对应的 Ti 固溶体。同时在高温条件下,非晶态铝硅酸盐将以熔融状态存在,部分 Fe、Ti 同样参与非晶态铝硅酸盐的形成过程。

　　为验证不同杂质元素的反应活性,首先通过密度泛函理论（DFT）模拟计算,构建不同的莫来石晶体结构（图 2.8）。构建不同的 Fe/Ti 原子在莫来石晶体中的结构模型,通过计算不同结构模型的能量,选择出最为稳定的模型结构作为计算的基准。其中以 mullite-Fe(Ti)-a 形式存在的莫来石模型结构能量最低,Fe/Ti 通过这种配位结构存在时最为稳定。在非晶态铝硅酸盐中同样构建 Fe/Ti 原子在不同配位结构中的模型,以 $Q^4(3Al)$ 这种配位结构为例,对断裂铁氧键与断裂钛氧键所需的能量进行对比（图 2.9）。

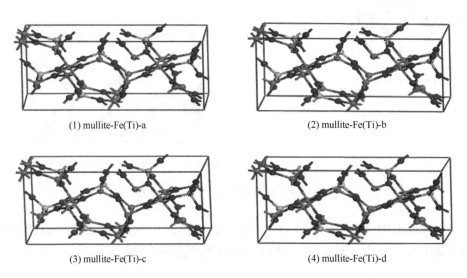

(1) mullite-Fe(Ti)-a　　　　　　　　　(2) mullite-Fe(Ti)-b

(3) mullite-Fe(Ti)-c　　　　　　　　　(4) mullite-Fe(Ti)-d

图 2.8　Fe/Ti 在莫来石中不同的配位结构模型[107]

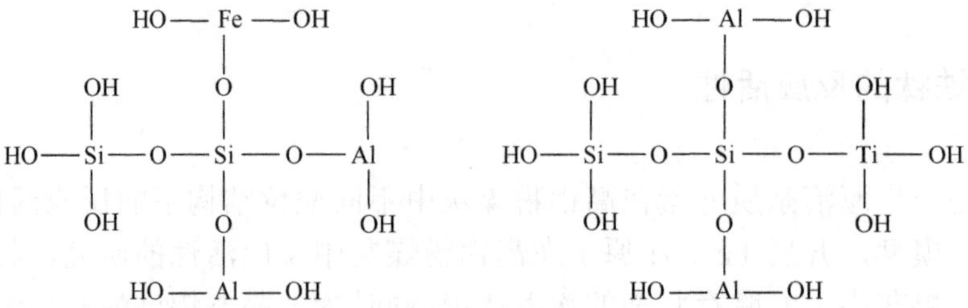

$$
\begin{array}{c}
\text{HO}\!-\!\text{Fe}\!-\!\text{OH} \\
| \\
\text{O}
\end{array}
$$

Q⁴(3Al)-Fe

Q⁴(3Al)-Ti

图 2.9   Fe/Ti 在非晶态铝硅酸盐中的配位结构模型——以 Q⁴(3Al)-Fe/Ti 为例[107]

在 $Q^4$(4Al) 配位结构中，脱除 Ti 原子所需要的能量为 87.6 kcal/mol①，而脱除 Fe 原子所需要的能量为 49.8 kcal/mol。通过对脱除 Fe/Ti 所需的能量对比说明，在莫来石晶格内部，当 Fe/Ti 原子形成对应的固溶体时，Ti 原子的反应活性更低，在莫来石晶体内部脱除 Ti 比脱除 Fe 更加困难（图 2.10）。

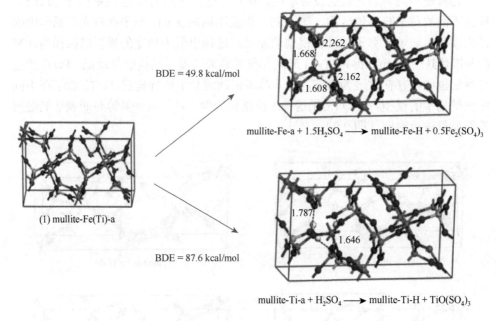

图 2.10   Fe/Ti 在莫来石晶体中脱除示意图[107]

在非晶态铝硅酸盐中，以 Q⁴(3Al)-Fe/Ti 为例，Ti—O 键或者 Fe—O 键存在两种键的断裂形式（图 2.11），通过对比两种断裂路径所需的能量，发现断裂

---

① cal 为非法定单位，1cal = 4.184 J。

Ti—O 键比断裂 Fe—O 键需要更多的能量，在非晶态铝硅酸盐中，钛原子依然比铁原子更稳定地存在于非晶态铝硅酸盐中（表 2.3）。

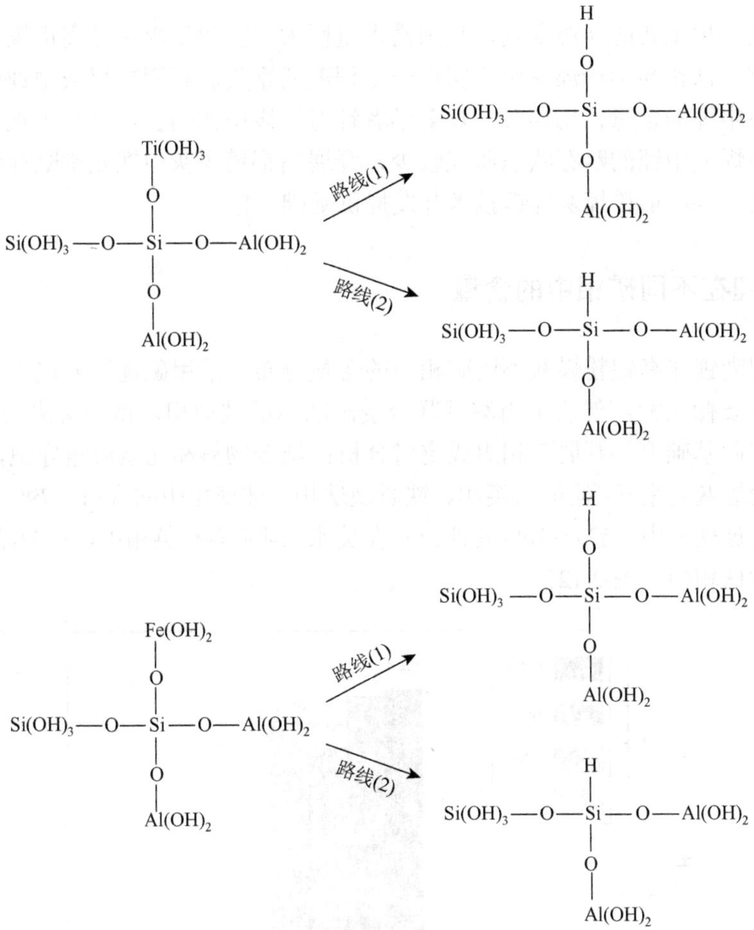

图 2.11　Fe/Ti 在非晶态铝硅酸盐中脱除示意图——以 $Q^4(3Al)$-Fe/Ti 为例[107]

表 2.3　不同配位结构中断裂 Ti—O/Fe—O 所需要的能量[107]

| 反应 | 路线（1）（kcal/mol） | 路线（2）（kcal/mol） |
| --- | --- | --- |
| $Q^4(1Al)$-Fe | 68.5 | 99.4 |
| $Q^4(1Al)$-Ti | 115.0 | 135.2 |
| $Q^4(2Al)$-Fe | 68.7 | 98.1 |
| $Q^4(2Al)$-Ti | 110.2 | 139.1 |
| $Q^4(3Al)$-Fe | 71.0 | 106.8 |
| $Q^4(3Al)$-Ti | 124.8 | 145.7 |

## 2.4 高铝粉煤灰中锂元素的赋存形态

锂是一种重要的能源金属，我国需求量巨大。高铝粉煤灰是高铝煤炭高温燃烧的产物，锂在高铝粉煤灰中可实现一定程度的富集。高铝粉煤灰中锂的含量与高铝煤炭中锂的含量密切相关，众多学者针对煤炭中锂的含量进行了报道，但是对高铝粉煤灰中锂的赋存状态研究较少，开展高铝粉煤灰中锂元素赋存状态的研究将有助于为高铝粉煤灰提锂技术开发提供基础支撑。

### 2.4.1 锂在不同矿相中的含量

为明晰锂在高铝粉煤灰不同矿相中的含量分布，采用磁选法分选出高铝粉煤灰中的铁质微珠相，然后采用酸碱联合浸出法溶解玻璃相，得到莫来石-刚玉-石英相。在此基础上，开展矿相组成定量分析；结合物料和元素质量守恒，得到锂在高铝粉煤灰莫来石-刚玉-石英相、铁质微珠相、玻璃相中的含量。79%～94%的锂分布在玻璃相中，5%～16%的锂分布在莫来石-刚玉-石英相中，<5%的锂分布在铁质微珠相中（图2.12）。

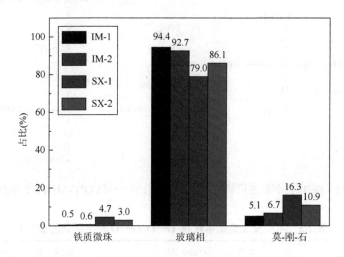

图2.12 锂在高铝粉煤灰不同矿相中的分布[108]

### 2.4.2 锂在不同矿相中的分布

高铝粉煤灰由球状、椭球状、不规则颗粒组成，大多数颗粒中含有数量不等、大小不一的中空结构，这种颗粒被称为空心球颗粒，是粉煤灰中常见的颗粒形态

（图 2.13）。铝、硅元素是高铝粉煤灰中最主要的元素，铝、硅面分布形貌整体较为一致，但也有细微差别，如：在样品 IM-1 和 IM-2 中，铝面分布图像中出现的颗粒在硅面分布图像中没有出现，说明该处的颗粒是刚玉；在样品 IM-1 和 IM-2 中，硅面分布图像中出现的颗粒在铝面分布图像中没有出现，说明该处的颗粒是石英。部分低含量铁与铝硅分布一致，部分铁在少数颗粒上明显富集，含量与铝、硅含量相当。总体而言，相比铝、硅、铁含量，锂在粉煤灰中含量很低。锂相对均匀地分布在高铝粉煤灰颗粒上，与铝硅的面分布一致，说明锂与铝硅具有显著的相关性。图中出现石英的地方没有出现锂，说明锂不存在于高铝粉煤灰的石英相中。根据上述分析可推测锂可能存在于高铝粉煤灰中的莫来石、铁质微珠和玻璃相中。

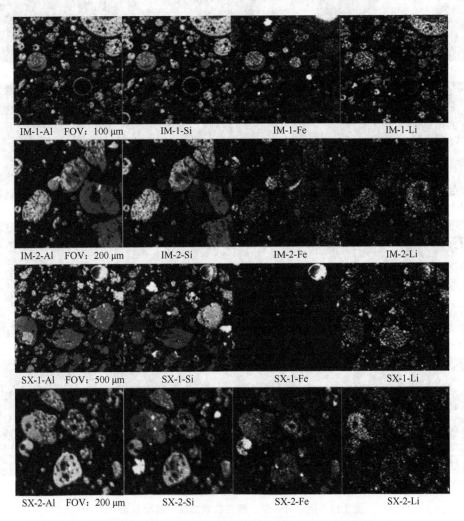

图 2.13　铝、硅、铁、锂在高铝粉煤灰中的面分布[108]

　　铁、铝、硅为铁质微珠的主要元素。铁质微珠中铁的面分布与铝、硅的面分布基本一致（图2.14）。可以推测，铁质微珠中的磁铁矿与莫来石通过玻璃相紧密结合，形成了铝、硅、铁紧密共存的状态。与铝、硅、铁元素含量相比，铁质微珠中的锂含量很低，锂与铝、硅、铁分布一致。鉴于铁质微珠在高铝粉煤灰中的质量分数较低，从提取利用的角度而言，分布在铁质微珠中的锂可忽略不计。

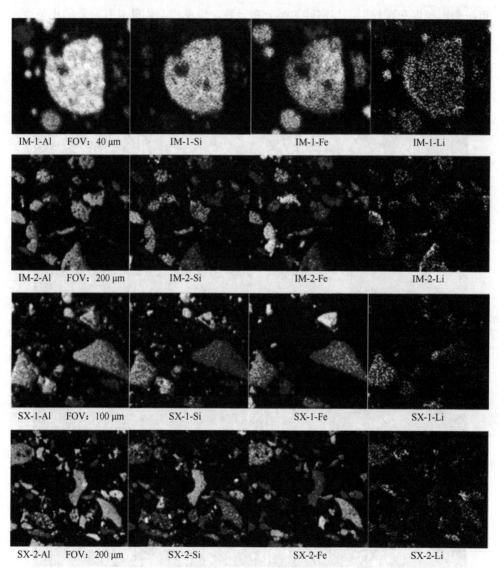

图 2.14　铝、硅、铁、锂在铁质微珠中的面分布[108]

　　高铝粉煤灰颗粒中空心颗粒的消失，间接表明空心球颗粒中含有大量的玻璃相；随着玻璃相的溶解，原有的空心球被分解为以莫来石为主的晶体颗粒（图 2.15）。从元素面分布图形的亮度来看，莫来石-刚玉-石英相以铝为主。硅的面分布与铝的面分布相似，出现在图像 SX-1-Si 和 SX-2-Si 中的亮度较高的颗粒可能是石英。铁在部分颗粒上明显富集。锂的面分布图像模糊，说明莫来石-刚玉-石英相中锂的含量明显低于高铝粉煤灰颗粒和铁质微珠颗粒中锂的含量。

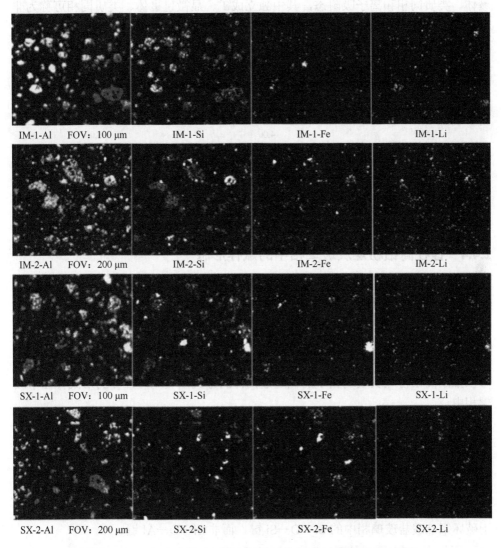

图 2.15　铝、硅、铁、锂在莫来石-刚玉-石英相中的面分布[108]

根据上述分析可以推断，锂存在于高铝粉煤灰的玻璃相、铁质微珠相中，很少存在于莫来石-刚玉-石英相中。考虑到铁质微珠在高铝粉煤灰中的质量分数很低，进而推断高铝粉煤灰中大部分锂分布在玻璃相中。

### 2.4.3　高铝粉煤灰中离子吸附态锂的含量

从工艺矿物学的角度看，元素在矿石中的赋存状态可分为独立成矿、显微包裹体、类质同相和离子吸附态，其中独立成矿、显微包裹体、类质同相可称为非离子吸附态。高铝粉煤灰中离子吸附态的锂占总量的 3%～9%，绝大部分锂是以非离子吸附态形式存在（表 2.4）。

表 2.4　高铝粉煤灰中离子吸附态锂含量质量分数（%）

| 样品 | 吸附态 | 非吸附态 |
| --- | --- | --- |
| IM-1 | 4.00 | 96.00 |
| IM-2 | 3.95 | 96.05 |
| SX-1 | 8.96 | 91.04 |
| SX-2 | 7.30 | 92.70 |

### 2.4.4　锂在高铝粉煤灰玻璃相中的赋存形态

结合高铝粉煤灰的 $^{29}Si$ 固体核磁结果，玻璃体中元素的赋存状态可根据元素的单键由强到弱分为玻璃形成体、玻璃中间体和玻璃网络修饰体。玻璃体中的锂属于玻璃网络修饰体（占据玻璃网络间隙，弱化玻璃体结构）。在玻璃网络修饰体形态的锂的形成过程中，氧化锂破坏桥氧键 Si—O—Si，形成非桥氧键 Si—O—Li。可以推断高铝粉煤灰玻璃相中的锂通过同样的方式以玻璃修饰体的形式存在于玻璃相中。

高铝粉煤灰玻璃相中硅的配位结构复杂，为进一步研究锂与玻璃相中不同硅的配位结构的结合能力，建立了玻璃相中硅的化学配位结构简化模型（图 2.16）。采用分子模拟手段，模拟玻璃修饰体形态的锂在形成过程中可能发生的化学反应，并计算了反应的能量差。比较能量差的大小发现，氧化锂更易与 $Q^4(0Al)$ 和 $Q^4(1Al)$ 结构发生反应，锂更多地存在于玻璃相 $Q^3(0Al)$ 和 $Q^3(1Al)$ 结构中，氧化锂更倾向于破坏铝硅酸盐玻璃相中的 Si—O—Si 键，而非 Si—O—Al 键。

$$
\begin{array}{c}
\text{OH} \\
| \\
\text{HO—Si—OH} \\
| \\
\text{O} \\
\text{OH} \quad | \quad \text{OH} \\
| \quad | \quad | \\
\text{HO—Si—O—Si—O—Si—OH} + \text{Li}_2\text{O} \\
| \quad | \quad | \\
\text{OH} \quad \text{O} \quad \text{OH} \\
| \\
\text{HO—Si—OH} \\
| \\
\text{OH} \\
\text{Q}^4(0\text{Al})
\end{array}
\xrightarrow{\text{R\_0Al\_1}}
\begin{array}{c}
\text{OH} \\
| \\
\text{HO—Si—OH} \\
| \\
\text{O} \\
\text{OH} \quad | \quad \quad \text{OH} \\
| \quad | \quad \quad | \\
\text{HO—Si—O—Si—O—Li} + \text{Li—O—Si—OH} \\
| \quad | \quad \quad | \\
\text{OH} \quad \text{O} \quad \quad \text{OH} \\
| \\
\text{HO—Si—OH} \\
| \\
\text{OH} \\
\text{Q}^3(0\text{Al})
\end{array}
$$

$$
\begin{array}{c}
\text{HO—Al—OH} \\
| \\
\text{O} \\
\text{OH} \quad | \quad \text{OH} \\
| \quad | \quad | \\
\text{HO—Si—O—Si—O—Si—OH} + \text{Li}_2\text{O} \\
| \quad | \quad | \\
\text{OH} \quad \text{O} \quad \text{OH} \\
| \\
\text{HO—Si—OH} \\
| \\
\text{OH} \\
\text{Q}^4(1\text{Al})
\end{array}
$$

$\xrightarrow{\text{R\_1Al\_1}}$

$$
\begin{array}{c}
\text{HO—Al—OH} \\
| \\
\text{O} \\
\text{OH} \quad | \quad \quad \text{OH} \\
| \quad | \quad \quad | \\
\text{HO—Si—O—Si—O—Li} + \text{Li—O—Si—OH} \\
| \quad | \quad \quad | \\
\text{OH} \quad \text{O} \quad \quad \text{OH} \\
| \\
\text{HO—Si—OH} \\
| \\
\text{OH} \\
\text{Q}^3(1\text{Al})
\end{array}
$$

$\xrightarrow{\text{R\_1Al\_2}}$

$$
\begin{array}{c}
\text{OH} \\
| \\
\text{HO—Si—OH} \\
| \\
\text{O} \\
\text{OH} \quad | \quad \quad \text{OH} \\
| \quad | \quad \quad | \\
\text{HO—Si—O—Si—O—Li} + \text{Li—O—Al—OH} \\
| \quad | \quad \quad | \\
\text{OH} \quad \text{O} \quad \quad \text{OH} \\
| \\
\text{HO—Si—OH} \\
| \\
\text{OH} \\
\text{Q}^3(1\text{Al})
\end{array}
$$

$$
\begin{array}{c}
\text{HO—Al—OH} \\
| \\
\text{O} \\
\text{OH} \quad | \quad \text{OH} \\
| \quad | \quad | \\
\text{HO—Si—O—Si—O—Si—OH} + \text{Li}_2\text{O} \\
| \quad | \quad | \\
\text{OH} \quad \text{O} \quad \text{OH} \\
| \\
\text{HO—Al—OH} \\
\text{Q}^4(2\text{Al})
\end{array}
$$

$\xrightarrow{\text{R\_2Al\_1}}$

$$
\begin{array}{c}
\text{HO—Al—OH} \\
| \\
\text{O} \\
\text{OH} \quad | \quad \quad \text{OH} \\
| \quad | \quad \quad | \\
\text{HO—Si—O—Si—O—Li} + \text{Li—O—Si—OH} \\
| \quad | \quad \quad | \\
\text{OH} \quad \text{O} \quad \quad \text{OH} \\
| \\
\text{HO—Al—OH} \\
\text{Q}^3(2\text{Al})
\end{array}
$$

$\xrightarrow{\text{R\_2Al\_2}}$

$$
\begin{array}{c}
\text{HO—Al—OH} \\
| \\
\text{O} \\
\text{OH} \quad | \quad \quad \text{OH} \\
| \quad | \quad \quad | \\
\text{HO—Si—O—Si—O—Li} + \text{Li—O—Al—OH} \\
| \quad | \quad \quad | \\
\text{OH} \quad \text{O} \quad \quad \text{OH} \\
| \\
\text{HO—Si—OH} \\
| \\
\text{OH} \\
\text{Q}^3(1\text{Al})
\end{array}
$$

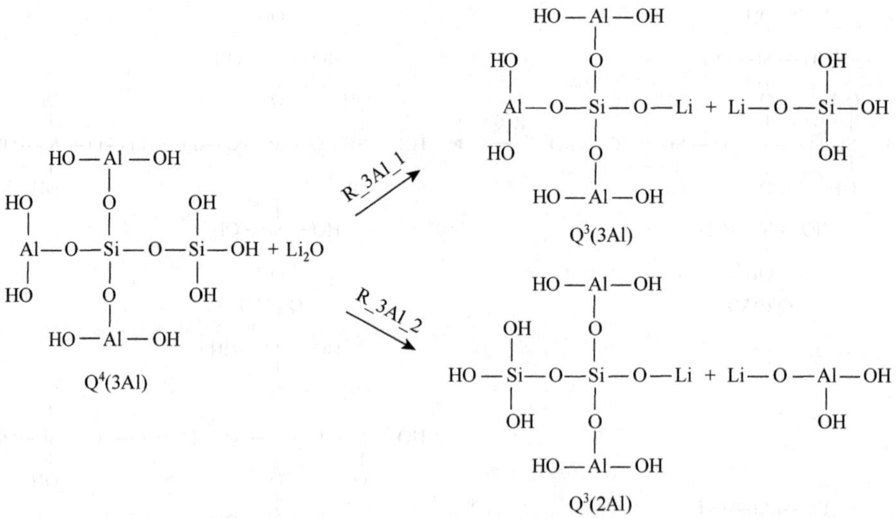

图 2.16　$Li_2O$ 与高铝粉煤灰玻璃相中硅的配位结构体的反应[71]

# 第3章
# 高铝粉煤灰多场温和活化重构与深度脱硅

高铝粉煤灰中氧化铝和二氧化硅含量总和约90%，矿相主要以莫来石、非晶相、刚玉相为主，具备替代原生铝硅矿物的潜力。铝硅比是影响氧化铝提取和铝硅复合材料制备的关键因素，高铝粉煤灰中铝硅比低（约为1.0），在氧化铝提取过程中存在钙消耗量大、硅钙渣量大等问题；在莫来石基陶瓷产品制备过程中，产品存在体积密度低、颗粒形貌不完善、性能不稳定等问题。目前，为了解决高铝粉煤灰铝硅比低的问题，主要通过添加高品位铝源或脱硅过程提高原料铝硅比制备高品质莫来石基复合材料或氧化铝提取，但随着国家政策对铝土矿用于耐火材料行业的严格限制，将非晶相中二氧化硅深度脱除以提高原料铝硅比成为高铝粉煤灰分质利用的关键。

针对传统脱硅方法铝硅比低、副反应严重、碱金属含量高等问题，本章建立了非晶相二氧化硅反应活性的评价方法，研究了机械、化学、微波等单独和协同活化方式对非晶相二氧化硅反应活性的影响规律，提出了机械化学协同活化提高硅氧反应活性的方法，开展了高铝粉煤灰协同活化过程中矿相/元素的赋存状态及转化规律、硅溶胶凝胶化过程调控、非晶相中 Al-O-Si 配位结构变化规律、颗粒孔道及形貌变化等方面的研究，进一步开展了深度脱硅工艺优化、脱硅动力学、脱硅机理等方面研究（图3.1），实现了非晶相二氧化硅的深度脱除，铝硅比提高至2.55以上，为高铝粉煤灰铝硅分质与高值化利用提供了理论基础和技术支撑。

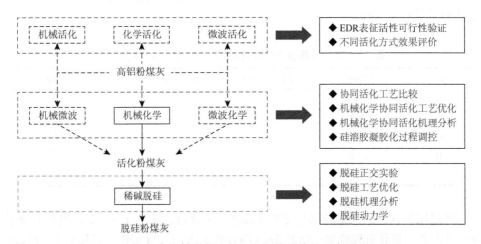

图3.1　高铝粉煤灰多场温和活化重构与深度脱硅

# 3.1　非晶相-晶相界面解离活化

## 3.1.1　EDR 表征活性可行性验证

高铝粉煤灰矿相结构复杂，非晶相中不仅含有二氧化硅，还含有部分铝硅酸盐，在高温碱性体系下非晶相中硅和铝极易与氢氧化钠溶液反应，形成硅酸钠和铝酸钠，并进一步快速自发形成沸石类物质附着于颗粒表面，影响非晶态二氧化硅的深度脱除，非晶态二氧化硅反应活性的评价对该脱硅过程具有重要意义。

针对高铝粉煤灰原料，定义了活化指数（EDR），通过计算单位时间内二氧化硅的脱除率，评价了粉煤灰中非晶态二氧化硅的反应活性，其计算方法如公式（3.1）所示。四种活化指数条件（A、B、C、D）如表 3.1 所示。实验原料为预脱硅粉煤灰通过不同浓度酸活化后得到的活化粉煤灰，考察上述活化粉煤灰在四种不同活化条件下其非晶态二氧化硅的脱除效率。进一步通过深度脱硅工艺的最佳反应条件对活化粉煤灰脱硅过程分析（E），并比较前四种典型活化条件（A、B、C、D）下的脱硅率，选择其中操作方便、脱硅效率高的活化条件作为 EDR 表征条件。

$$EDR = \frac{C_{(Si)} \times V_{(leaching\ liquid)}}{m_{(solid)} \times L_{(SiO_2)}} \times \frac{60}{28} \times 100\% \tag{3.1}$$

式中：EDR 表示活化指数，%；$C_{(Si)}$ 表示液体样品中硅的浓度，g/L；$V_{(leaching\ liquid)}$ 表示反应液体积，L；$m_{(solid)}$ 表示反应固体的质量，g；$L_{(SiO_2)}$ 表示反应固体中二氧化硅的质量分数，%。

表 3.1　表征非晶态二氧化硅反应活性的优化条件选择[99]

| 编号 | 反应温度（℃） | 液固比（L/S） | 浓度（mol/L） | 时间（min） |
|------|------|------|------|------|
| A | 80 | 20 | 1 | 3 |
| B | 90 | 5 | 4 | 10 |
| C | 90 | 10 | 2 | 20 |
| D | 80 | 7 | 3 | 30 |
| E | 65 | 4 | 3.25 | 35 |

通过比较 A、B、C、D 条件下的非晶态二氧化硅脱除率（图 3.2），发现 B 条件下的非晶态二氧化硅脱除率（约 22.5%）明显低于 A、C、D 条件下脱除率（＞25%），

这主要是因为反应温度高、液固比低、碱浓度较高促进沸石类物质的生成而阻碍硅的深度脱除。虽然条件 A、C、D 与优化工艺条件 E 下的脱硅率均较高，但是 C、D 反应时间更长，单位时间内的脱硅率明显低于条件 A，并且条件 A 操作更简单、方便，宜用作表征方法。当盐酸浓度达 100 g/L 时，条件 A（26.1%）和 E（27.5%）下的脱硅率基本达到最大并保持稳定，因此条件 A 更适合作为 EDR 反应的最佳条件。

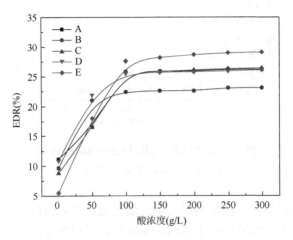

图 3.2　活化指数可行性验证[99]

A、B、C、D、E 反应条件如表 3.1 所示

## 3.1.2　高铝粉煤灰不同活化方式效果评价

传统活化方式主要包括机械活化、化学活化、微波活化、热活化，其中热活化方式主要是通过添加剂与粉煤灰混料焙烧促进玻璃相及莫来石-刚玉相的分解，从而提高反应活性。本节主要针对非晶态二氧化硅反应活性较低的问题，考察了机械、化学（酸）和微波活化对非晶态二氧化硅反应活性的影响。

### 1. 机械活化工艺研究

机械活化能够破坏其复杂的包裹结构，颗粒越细，包裹程度越小，杂质的暴露程度越大，其反应活性越大[109, 110]。由图 3.3 可以看出，颗粒粒径随球磨时间延长具有明显降低趋势。原始高铝粉煤灰的粒径分布主要从 6 μm 至 170 μm，绝大部分颗粒粒径均在 100 μm 左右。随球磨时间延长，较大的颗粒（$d_{90}$）和中等颗粒（$d_{50}$）粒径会出现急速下降趋势，颗粒粒径分别从 171.86 μm 和 53.54 μm 降低至 11.2 μm 和 3.09 μm，而含量较低的细小颗粒在该过程中粒径基本不发生变化，粒径维持在 3 μm 左右。当球磨时间达到 90 min 时，颗粒粒径组成基本不发生变化，

$d_{90}$ 颗粒粒径仅从 11.52 μm 降低至 11.25 μm。颗粒粒径降低，增大了玻璃相和杂质的接触面积，从而增加其作用位点，促进其在酸碱活化过程中的高效浸出。

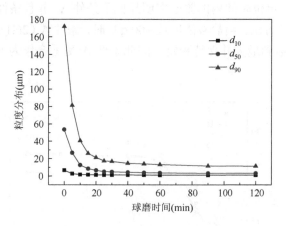

图 3.3    球磨时间对颗粒粒径分布的影响[111]

转速为 300 r/min，料球质量比为 1.2

由图 3.4 可以看出，高铝粉煤灰颗粒形貌随球磨时间延长出现明显的破碎。高铝粉煤灰是以细杂弥散的细小球体、棒状莫来石相及无规则的玻璃相嵌黏夹裹形成较大的球形颗粒和不规则块状固体。在球磨过程中大颗粒极易被破碎，较小的球形颗粒和块状固体暴露，随着球磨时间的进一步延长，颗粒进一步破坏，当球磨时间超过 90 min 后，颗粒形貌基本不发生变化，主要是少量的微小球形颗粒和不规则的细颗粒呈细杂弥散状态。

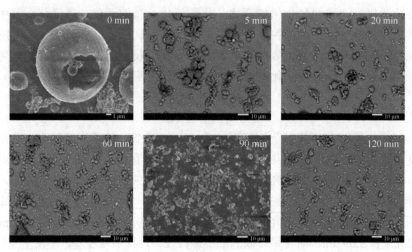

图 3.4    颗粒形貌随球磨时间变化[111]

在机械活化过程中，大量被包裹玻璃相和杂质得以暴露，可提高其整体反应活性。在特定的酸浸条件下（$T = 75℃$，$t = 60\ min$，L/S = 4，$C = 150\ g/L$），原始粉煤灰 $Al^{3+}$ 和 $Fe^{3+}$ 浸出率分别仅为 1.24% 和 14.99%[图 3.5（a）]，这主要是由于大量杂质被包裹导致质子酸进入孔道内部困难，只能将表面和颗粒孔道内部嵌黏的杂质浸出，并且活化指数（EDR）仅为 0.72%[图 3.5（b）]，表明玻璃相二氧化硅的活性较低导致其脱硅率较低。当机械球磨时间达 60 min 以上时，铝、铁杂质及非晶相二氧化硅的反应活性都得到快速提升，$Al^{3+}$ 和 $Fe^{3+}$ 浸出率分别可达 2.56% 和 38.81%[图 3.5（a）]，EDR 值可达 1.76%[图 3.5（b）]，较原始粉煤灰反应活性均可提高至 2 倍以上。因此为了提高非晶态二氧化硅的反应活性，机械活化过程球磨时间应控制在 90 min 以上，同时对后续酸碱高效处理也具有重要作用。

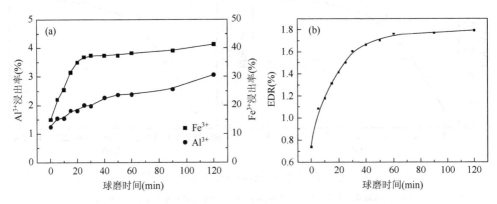

图 3.5　球磨时间对三价金属离子浸出率（$T = 75℃$，$t = 60\ min$，L/S = 4，$C = 150\ g/L$）和 EDR 影响[111]

### 2. 酸活化工艺研究

目前已有学者[112, 113]针对粉煤灰矿相复杂、杂质含量高等问题开展研究，其中晶相与非晶相之间嵌黏夹裹，非晶相中铝硅酸盐结构复杂。在质子酸的强化分解作用下，非晶相中 Si—O—Al 价键断裂，可实现铝离子的定向浸出，从而避免脱硅过程非晶相中铝硅元素与钠发生反应生成沸石，进一步促进深度脱硅过程。

酸活化过程中不同反应温度、酸浓度、液固比及反应时间对 EDR 的影响如图 3.6 所示。随着反应时间、酸浓度、温度和液固比（L/S）的增加，非晶态二氧化硅反应活性明显提高。当反应温度超过 70℃、酸浓度超过 150 g/L、反应时间超过 60 min、液固比大于 5∶1 时，非晶态二氧化硅反应活性增加趋势逐渐变缓，EDR 可达 7.2% 以上，较机械活化效果提高 4 倍以上。同时随着酸浓度升高，EDR 变化从 5.2% 提高至 7.5% 以上，活化效果较反应时间、温度和液固比变化明显。

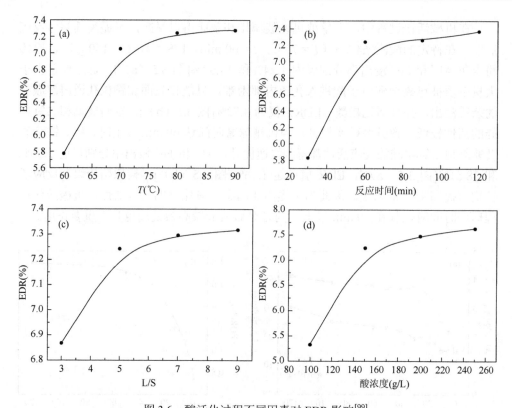

图 3.6   酸活化过程不同因素对 EDR 影响[99]

（a）$t = 60\ min$，L/S = 4，$C = 200\ g/L$；（b）$T = 80℃$，L/S = 4，$C = 200\ g/L$；

（c）$T = 80℃$，$t = 60\ min$，$C = 200\ g/L$；（d）$T = 80℃$，$t = 60\ min$，L/S = 4

基于上述单因素工艺考察，同时为了避免盐酸快速挥发影响活化反应，确定了酸活化较优条件为 80℃、酸浓度为 200 g/L、反应时间为 90 min、液固比为 5∶1。在该优化工艺条件下，进一步分析非晶态二氧化硅反应活性，EDR 值可达 7.8%。因此，酸活化过程对提高非晶态二氧化硅反应活性具有重要影响。

### 3. 微波活化工艺研究

微波是一种波长极短的电磁波，频率范围从 300 MHz 到 300 GHz，波长为 1 mm 到 1 m，具有加热速度快、响应能力快、加热均匀、选择性加热效果好、加热效率高、渗透力强等特点。利用微波与物质分子间相互作用，产生分子极化、取向、摩擦、碰撞、吸收微波能，从而实现物体由内向外加热[114-116]。基于该原理，可以考虑通过改变微波频率促进不同矿相中不同物质分子之间相互作用，加快碱介质与非晶态二氧化硅反应，提高其反应活性。

不同频率下非晶态二氧化硅反应活性如图 3.7 所示，随着微波频率增加，活化效果得到明显提高，活化指数由 0.78%提高至 2.3%左右。当微波频率达到 1715 MHz 时，非晶态二氧化硅反应活性最大，EDR 可达 2.3%；当微波频率继续增加至 2205 MHz 时，随着玻璃相二氧化硅的高效浸出，活性铝也随之浸出，在微波的强化作用下，液相中铝、硅、钠元素快速自发形成沸石从而降低脱硅效果。因此，微波活化高铝粉煤灰非晶态二氧化硅的最佳微波频率为 1715 MHz。

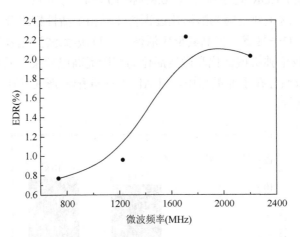

图 3.7　微波活化过程不同微波频率对 EDR 影响[99]

$T = 80℃$，$t = 3\ min$，$L/S = 20$，$C = 40\ g/L$

综上所述，机械、化学（酸）、微波三种活化方式对提高粉煤灰中非晶态二氧化硅反应活性均有一定效果。在最佳优化条件下，EDR 值分别可达 1.78%、7.8% 和 2.3%，由此可知酸活化效果最佳，其次是微波活化，最后是机械活化。

### 3.1.3　高铝粉煤灰协同活化工艺比较

高铝粉煤灰中非晶相与晶相嵌黏夹裹，严重影响了玻璃相的反应活性，仅仅通过脱硅处理无法实现玻璃相二氧化硅的高效深度脱除。基于前期机械、化学和微波活化工艺考察，机械活化主要是将大量包裹状态的玻璃相破碎从而增加其接触面积，增加作用位点，提高玻璃相反应活性，EDR 值最高可达 1.78%；通过酸活化前期预处理可强化破坏非晶相铝硅酸盐中复杂的 Al—O—Si 价键结构，促进活性铝定向浸出至酸液中，避免了后续脱硅过程沸石的快速自发生成，从而提高了非晶态二氧化硅的反应活性，EDR 可达 7.8%，同时钙、铁、镁等杂质的有效脱除，提高了制备莫来石原料的品质；微波活化主要是强化不同矿相中不同物质分子的相互作用，从而提高其非晶态二氧化硅反应活性，EDR 值最高可达 2.3%。

单独活化过程，酸活化效果明显优于机械活化和微波活化。为了促进非晶相中活性铝的高效迁移以实现非晶态二氧化硅反应活性的大幅提高，开展了不同机械-化学活化（Me-Ch）、微波-化学活化（Mi-Ch）、机械-微波活化（Me-Mi）三种协同活化对非晶态二氧化硅反应活性的影响（工艺条件为上述各自单独活化工艺优化条件）（图 3.8）。通过比较发现，机械-化学协同活化和微波-化学协同活化效果较优，EDR 值分别可达 10.8% 和 10.2%，与单独活化方式比较，活化效果明显提高。这主要是因为酸活化过程将非晶相中活性铝组分高效浸出，促进大量非晶相 Si—O—暴露，提高其反应活性。但机械-微波活化效果不佳，活化指数仅为 3.7%，较单独机械活化和微波活化均有所提高但效果不明显，这主要是因为活性铝组分依然存在于非晶相中，以 Al—O—Si 配位形式存在，降低了非晶态二氧化硅反应活性。

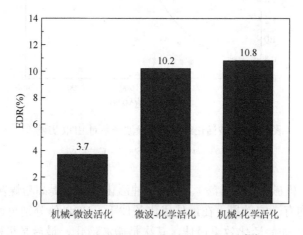

图 3.8　不同协同活化方式对 EDR 影响[99]

### 3.1.4　不同活化方式对粉煤灰脱硅效果比较

针对不同活化处理得到的粉煤灰，采用优化脱硅工艺条件（$T = 95℃$，$t = 90$ min，$C = 220$ g/L，L/S = 5∶1）对其进行脱硅处理，初步考察不同活化方式对脱硅效果以及矿相变化的影响。

单独活化和协同活化所得到的粉煤灰脱硅后样品的矿相组成如图 3.9 所示。单独活化处理粉煤灰经过脱硅后，部分非晶相中活性铝伴随硅酸根共同进入液相均形成沸石类物质[图 3.9（a）]。机械活化粉煤灰在微波协助活化作用下进行脱硅，非晶相铝硅组分大量浸出，加剧了沸石的形成；而微波-化学活化和机械-化学活化过程中，质子酸高效破坏非晶相中复杂的 Al—O—Si 价键，促进非晶相中活性铝组分浸出，其中微波活化和机械活化协助强化质子酸的破坏作用，避免了脱硅过程沸石的快速自发形成[图 3.9（b）]。因此，前期采取微波或机械活化协同酸活化方式，能够有效避免沸石的快速自发形成。

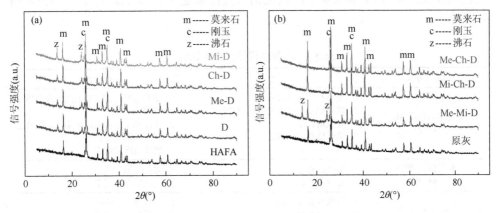

图 3.9　不同活化方式下脱硅粉煤灰 XRD 图[99]

不同活化方式粉煤灰经过脱硅处理后的元素组成如表 3.2 所示。编号为 1、2、4、5 四组实验采用微波活化或机械活化但未采用化学活化，导致非晶相中活性铝组分无法定向迁移脱除，同时微波强化脱硅过程促进了沸石的快速自发生成，从而阻碍非晶态二氧化硅的深度剥离。编号为 3、6、7 实验产生的酸活化粉煤灰、机械-酸活化粉煤灰和微波-酸活化粉煤灰经过脱硅后，铝硅比均有明显提高，分别可达 2.43、2.65、2.78，同时钠含量较其他活化方式明显减少。因此，前期采用酸活化过程处理，同时以机械活化或微波活化作为辅助手段，可实现杂质和非晶态二氧化硅的高效剥离。

表 3.2　不同协同活化方式下二氧化硅脱除效果考察[99]

| 活化方法 | $Na_2O$ | $MgO$ | $Al_2O_3$ | $SiO_2$ | $CaO$ | $TiO_2$ | $Fe_2O_3$ | A/S |
|---|---|---|---|---|---|---|---|---|
| 1. 脱硅（D） | 7.47 | 0.23 | 53.54 | 30.59 | 2.46 | 1.82 | 1.87 | 1.75 |
| 2. 机械活化-脱硅（Me-D） | 7.31 | 0.25 | 56.37 | 28.19 | 2.06 | 1.67 | 2.63 | 2.00 |
| 3. 化学活化-脱硅（Ch-D） | 3.91 | 0.27 | 63.73 | 26.27 | 1.20 | 2.32 | 1.50 | 2.43 |
| 4. 微波活化-脱硅（Mi-D） | 10.17 | 0.29 | 52.68 | 28.31 | 3.87 | 1.98 | 1.76 | 1.86 |
| 5. 机械-微波活化-脱硅（Me-Mi-D） | 7.70 | 0.25 | 56.71 | 28.36 | 2.25 | 1.79 | 2.23 | 2.00 |
| 6. 机械-化学活化-脱硅（Me-Ch-D） | 0.85 | 0.16 | 68.67 | 24.68 | 0.60 | 2.93 | 1.11 | 2.78 |
| 7. 原灰微波酸活化-脱硅（Mi-Ch-D） | 1.59 | 0.16 | 68.03 | 25.64 | 0.74 | 2.31 | 1.42 | 2.65 |

表 3.3 给出了不同活化方式的优缺点，微波活化与机械活化相比，成本较高且安全性较低。因此，确定机械-酸协同活化工艺为最佳工艺路线，初步探索结果表明脱硅效率可达 50%以上，氧化铝含量能够达 65%以上，各杂质均得到高效脱除。

表 3.3　不同协同活化方式比较[99]

| 活化方式 | 优点 | 缺点 |
|---|---|---|
| 化学活化-脱硅（Ch-D） | 1. 杂质得到有效脱除；<br>2. 活性铝浸出缓解脱硅过程沸石快速自发生成；<br>3. 操作简单、成本低 | 1. 杂质包裹，酸活化无法实现杂质高效脱除；<br>2. 非晶相中活性铝浸出率低，脱硅过程发生副反应；<br>3. 酸废液产生量大 |
| 机械活化-脱硅（Me-D） | 1. 活性位点多；<br>2. 运行成本低 | 1. 脱硅效果一般；<br>2. 副反应发生严重 |
| 微波活化-脱硅（Mi-D） | 1. 体系升温速率快；<br>2. 脱硅效率高；<br>3. 操作简单 | 1. 杂质无法脱除；<br>2. 副反应发生严重；<br>3. 成本高，工业化难度大 |
| 原灰微波酸活化-脱硅（Mi-Ch-D） | 1. 杂质得到有效脱除；<br>2. 活性铝浸出避免沸石生成 | 1. 包裹杂质脱除困难；<br>2. 微波促进副反应发生；<br>3. 酸废液产生量大 |
| 机械-微波活化-脱硅（Me-Mi-D） | 1. 活性作用位点多；<br>2. 操作简单 | 1. 副反应发生严重；<br>2. 杂质含量高；<br>3. 脱硅效果不佳 |
| 机械-化学活化-脱硅（Me-Ch-D） | 1. 活性作用位点增加；<br>2. 活性铝及杂质高效浸出，脱硅效果好；<br>3. 操作简单，成本低 | 酸废液产生量大 |

## 3.1.5　机械-化学协同活化过程工艺优化

基于前期机械活化工艺研究，机械活化粉煤灰颗粒比表面积增加，活性接触位点增加，促进颗粒杂质及非晶相中活性铝组分反应活性得到一定程度的提高。但是非晶态的二氧化硅反应活性没有得到大幅提高，主要原因有以下两个：一是大量铝铁等杂质嵌黏于玻璃相中，降低了碱介质与非晶态 Si—O—的接触频率；二是煤粉燃烧过程中，硅氧铝成键形成不同铝硅酸盐矿相，主要是以莫来石为主，少部分为非晶相铝硅酸盐，非晶相中不同 Al—O—Si 价键结构降低了碱介质与 Si—O—的快速接触。机械活化过程虽然能够将包裹的杂质暴露以及破坏非晶相铝硅酸盐铝氧硅价键结构，增加其反应活性，但脱硅过程非晶相活性铝组分强化浸出会促进沸石物质的生成，从而影响非晶态二氧化硅的深度剥离。因此，针对机械活化粉煤灰开展酸活化工艺研究，对于非晶相中活性铝组分和嵌黏铁、钙、镁等杂质高效浸出，促进非晶态二氧化硅的反应活性大幅提高具有重要意义。

**1. 酸浓度对杂质浸出、EDR 及矿相的影响**

基于前期酸活化研究基础，为了促进活性杂质的高效浸出，在反应温度为 75℃，液固比为 4∶1，反应时间为 60 min 条件下，机械活化粉煤灰分别与 2 mol/L、4 mol/L、6 mol/L、8 mol/L 盐酸溶液反应，铝铁离子浸出率、活化指数（EDR）及矿相变化如图 3.10 所示。随着酸浓度升高，铝铁离子浸出率分别由 1.72%和 35.77%增加至 2.1%和 48.23%，这主要是因为增加质子酸浓度有利于强化分解非晶相中 Al—O—Si 复杂配位结构和包裹杂质，促进大量非晶态 Si—O—暴露，当浓度高于 6 mol/L 时，铝铁杂质浸出率变化较小，活性杂质浸出率趋于平衡。同时由图 3.10（b）可知，随着酸浓度升高，铝硅酸盐中杂质离子得到高效脱除后，非晶态二氧化硅反应活性明显增加，EDR 值可由 9.5%提高至 11%。

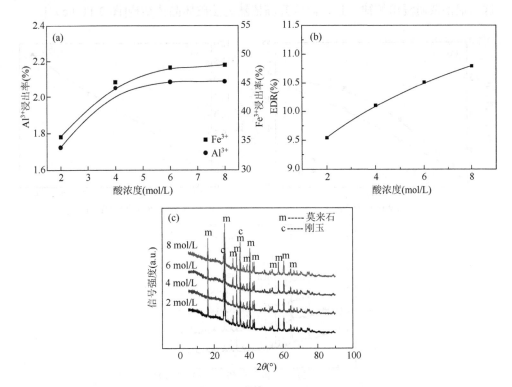

图 3.10　酸浓度对三价金属离子浸出率（a）（$T = 75℃$，$t = 60$ min，L/S = 4）、
EDR（b）及矿相变化（c）的影响[111]

由图 3.10（c）可以看出，粉煤灰经过酸活化后，主要矿相仍以莫来石相、玻璃相、刚玉相形式稳定存在。这是由于粉煤灰中莫来石相和刚玉相形成的共价键性质稳定，温和体系下难以破坏；同时玻璃相中虽然活性杂质浸出，玻璃相铝硅酸盐结

构遭到一定破坏，但仍以玻璃相形式存在（XRD 谱图中 10°～30°显示的鼓包峰）。

综上所述，较优酸活化浓度为 4～6 mol/L。

### 2. 活化温度对杂质浸出、EDR 及矿相的影响

如图 3.11 所示，活化酸浓度为 4.5 mol/L，液固比为 4∶1，反应时间为 60 min，考察不同活化温度（30℃、50℃、70℃、90℃）对铝铁离子浸出率、EDR 及矿相变化的影响。随着温度的升高，铝铁浸出率分别由 1.24%和 33.73%增加到 2.38%和 48.32%[图 3.11（a）]。这主要是因为温度升高，促进了质子酸分解玻璃相铝硅酸盐表面及孔道内部嵌黏杂质，提高了铝铁等元素浸出率，颗粒表面及孔道内部暴露大量 Si—O—活性位点，从而增加其反应活性。同时由图 3.11（b）可知，温度升高促进了铝铁元素的快速浸出，非晶相二氧化硅活化指数由 8.5%增加至 11.7%，这与铝铁杂质浸出规律一致，温度升高依然无法破坏晶体结构[图 3.11（c）]。

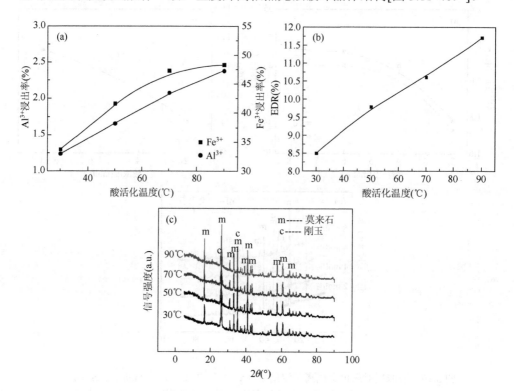

图 3.11　酸活化温度对三价金属离子浸出率（a）（$t = 60$ min，L/S = 4，$C = 4.5$ mol/L）、EDR（b）及矿相变化（c）的影响[111]

虽然较高温度可以改善玻璃相反应活性，但是会引起盐酸的大量挥发，造成盐酸资源浪费，同时对设备要求极高，因此为了提高非晶相二氧化硅反应活性，

较优酸活化温度为75～80℃。

### 3. 活化时间对杂质浸出、EDR及矿相的影响

活化时间对玻璃相中铝铁浸出率、EDR及矿相结构的影响如图3.12所示。为避免高温下盐酸快速挥发，降低体系酸浓度，从而影响实验的平行性考察，反应酸浓度为4.5 mol/L，液固比为4∶1，反应温度为75℃，反应时间分别为30 min、60 min、90 min、120 min。随着反应时间的增加，铝铁杂质离子的浸出率由1.88%和48%增加至2.36%和52.45%[图3.12（a）]，玻璃相二氧化硅的EDR呈现相同的增长趋势，由9.5%增长至11.4%[图3.12（b）]。这主要是因为随着反应时间的增加，质子酸不断进攻颗粒表面和孔道内部嵌黏的杂质及非晶相中活性铝元素，促进其高效分解，颗粒孔道逐步被打开，接触位点增加，从而提高非晶态二氧化硅反应活性。矿相组成基本不发生变化，主要以莫来石、刚玉和非晶相矿相形式存在，实现了非晶相二氧化硅的选择性活化[图3.12（c）]。

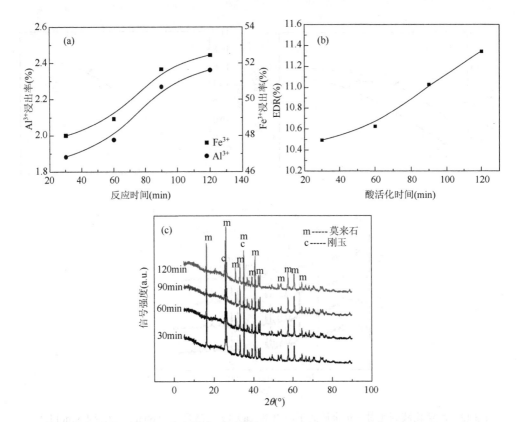

图3.12 酸活化时间对三价金属离子浸出率（a）（$T = 75℃$，$L/S = 4$，$C = 4.5$ mol/L）、EDR（b）及矿相变化（c）的影响[111]

为了避免盐酸在长时间内大量挥发，同时保证杂质的较高脱除率和 EDR 的较高活性，较优反应时间设定为 90 min。

### 4. 液固比对杂质浸出、EDR 及矿相的影响

控制酸浓度为 4.5 mol/L，反应温度为 75℃，反应时间为 60 min，尽量避免盐酸挥发引起体系的变化，考察不同液固比对铝铁浸出率、EDR 及矿相变化的影响。随液固比的增加，铝铁元素的浸出率分别由 1.96% 和 39.99% 增加至 2.34% 和 49.67%[图 3.13（a）]，EDR 也从 9.6% 增加至 10.69%[图 3.13（b）]。这主要是因为液固比增加，浸出过程铝、铁等金属离子浓度得到稀释，削弱同离子效应对铝、铁元素浸出的影响，增加孔道内部嵌黏杂质与质子酸反应概率，促进铝、铁离子高效浸出，提高非晶态二氧化硅反应活性。当液固比大于 4 时，杂质离子的浸出率和 EDR 增加缓慢，表明反应已接近平衡。莫来石-刚玉相峰强基本不发生变化，矿相结构稳定。因此较优液固比为 4∶1[图 3.13（c）]。

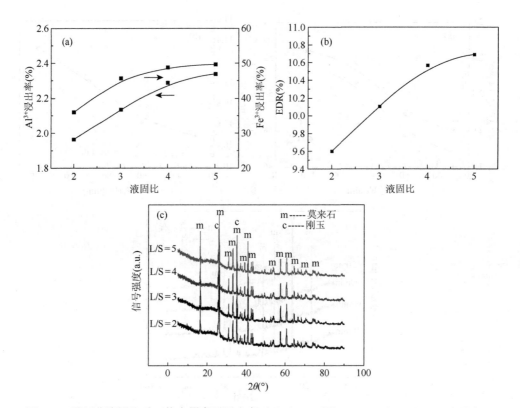

图 3.13　酸活化液固比对三价金属离子浸出率（a）（$T = 75℃$，$t = 60$ min，$C = 4.5$ mol/L）、EDR（b）及矿相（c）变化的影响[111]

综上所述，酸活化过程随着酸浓度、反应温度、反应时间及液固比的增加，铝铁元素的浸出率和非晶态二氧化硅的活化指数也随之增加。同时，通过对比不同因素对铝铁元素浸出率和非晶态二氧化硅的活化指数变化范围，可以确定影响因素大小排序：反应温度＞酸浓度＞液固比＞反应时间。

根据上述单因素实验优化和实际操作经验，最优条件选择为 $T = 75 \sim 80℃$、$t = 90\ min$、$C = 6\ mol/L$，$L/S = 4$。在该条件下得到的酸活化粉煤灰活化指数可达 12.4%，其组成见表 3.4。

表 3.4　酸活化粉煤灰化学组成（%，质量分数）及铝硅比[99]

| 样品 | Al$_2$O$_3$ | SiO$_2$ | Fe$_2$O$_3$ | CaO | MgO | Na$_2$O | Al/Si |
|------|------|------|------|------|------|------|------|
| 酸活化粉煤灰 | 48.17 | 47.42 | 0.84 | 0.52 | 0 | 0 | 1.02 |

## 3.1.6　机械-化学协同活化过程机理分析

高铝粉煤灰为玻璃相、莫来石-刚玉相、杂质等矿相嵌黏夹裹形成的颗粒，其中嵌黏夹裹的杂质组分不仅影响其本身的反应活性，同时也影响非晶态二氧化硅的反应活性。高铝粉煤灰大颗粒经过机械球磨后，颗粒变小，大量被包裹的玻璃相及杂质暴露，增加其反应活性位点，从而提高其反应活性[图 3.14（a）、（b）]。质子酸与粉煤灰细磨颗粒混合过程中，大量暴露的钙、铁、镁等杂质被浸出，同时非晶相中部分 Al—O—Si 价键断裂，铝元素也随之浸出，缓解脱硅过程中沸石的自发生成，从而提高其非晶态 SiO$_2$ 的反应活性[图 3.14（b）、（c）]。主要反应过程如式（3.2）所示。

$$B \rightarrow C：M_2O_x + 2xH^+ \xrightarrow{\quad\quad} xH_2O + 2M^{x+} \quad (M：Al, Fe, \cdots) \quad (3.2)$$

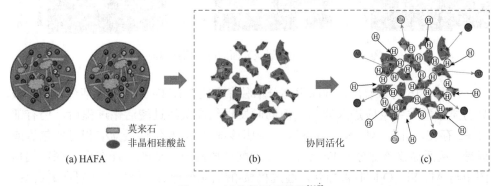

（a）HAFA　　　　　　（b）　　　　　　（c）
□ 莫来石
● 非晶相硅酸盐
协同活化

图 3.14　活化机理示意图[117]

### 1. 活化过程元素迁移与赋存规律

通过电子探针显微分析元素的赋存状态及迁移转化规律对整体工艺调控具有重要作用。由图 3.15 可以看出，经过机械活化处理后，较大的球形颗粒和非球形块状颗粒被破碎成小颗粒。样品中 Al、O、Si 三种元素在相同位置同时被捕获，表明在该位置三种元素共同富集，而颗粒中 Al、O、Si 三元素组成的矿相为莫来石相、刚玉相、非晶态二氧化硅相、玻璃相铝硅酸盐，因此可以推断破碎后的颗粒仍然为非晶相/晶相嵌黏夹裹，但整体包裹程度降低，部分碳颗粒、杂质暴露，颗粒接触位点增加，提高其反应活性。另外，从图中可以看出颗粒中一部分 Ca、Ti、Fe 元素未与 Al、O、Si 元素同时富集，而是处于单独富集状态，该部分杂质主要是以氧化物形式单独存在，反应活性较高；还有部分 Ca、Ti、Fe 元素与 Al、O、Si 元素同时富集，表明该部分杂质可能被铝硅酸盐矿相包裹或者处于晶体内部参与成键，反应活性较低。

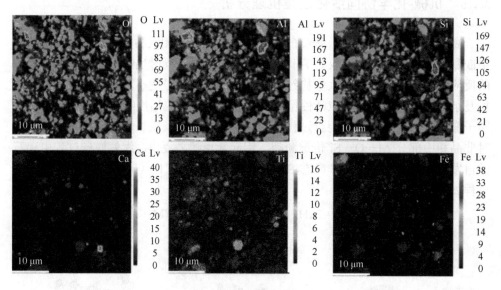

图 3.15　机械活化粉煤灰表面的电子探针扫描图[117]

由图 3.16 可以看出，样品中部分单独存在的 Ca、Fe 杂质反应活性较高，极易与质子酸发生反应进入液相。但同时发现粉煤灰经过酸活化过程后，仍有部分 Fe 存在，并与 Al、Si、O 赋存，表明该部分 Fe 与铝硅酸盐矿相可能包裹或成键，从而导致该部分的 Fe 元素无法被酸介质浸出。大部分 Ti 在电子探针扫描图中与 Al、Si、O 同时被捕获，经过机械-酸活化处理后，仍处于共同富集状态，说明 Ti、Al、Si、O 很有可能成键。这主要是因为高铝煤炭在煤粉炉中燃烧温度在 1200~1400℃，二氧化钛与氧化铝在 1280℃下极易发生反应生成钛酸铝化合物，当向外排放时温度骤然降低，氧化铝与二氧化硅在急速冷却过程中生成莫来石相和玻璃相并相互包裹，此时钛酸铝也随之被包裹。

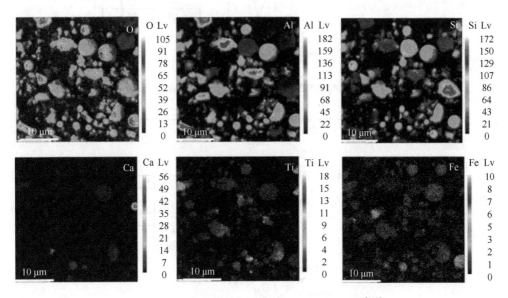

图 3.16　酸活化粉煤灰表面的电子探针扫描图[117]

## 2. 活化过程铝氧硅价键变化

图 3.17 为高铝粉煤灰、机械活化粉煤灰及酸活化粉煤灰的 $^{29}Si$ MAS NMR 谱图。高铝粉煤灰中−96 ppm 和−108 ppm 峰位强度最强，分别代表玻璃相硅氧周围连接 2 个和 4 个硅原子结构形成的空间网络四面体，即 $Q^4(2Al)$ 和 $Q^4(0Al)$。

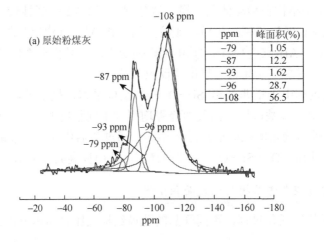

(a) 原始粉煤灰

| ppm | 峰面积(%) |
| --- | --- |
| −79 | 1.05 |
| −87 | 12.2 |
| −93 | 1.62 |
| −96 | 28.7 |
| −108 | 56.5 |

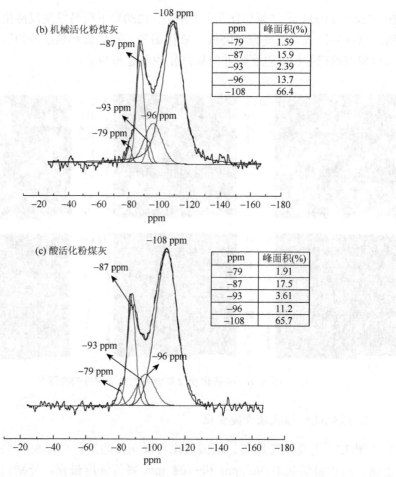

图 3.17　不同处理高铝粉煤灰的 $^{29}$Si MAS NMR 谱图[117]

非晶态 $Q^4(0Al)$ 结构在稀碱体系下极易被分解，而 $Q^4(2Al)$ 活性较低需活化后才能够被高效脱除。经过机械活化后，颗粒空间结构破坏，$Q^4(2Al)$ 含量由 28.7% 降低为 13.7%，$Q^2(1Al)$、$Q^4(3Al)$ 和 $Q^4(0Al)$ 峰强增强，非晶相中惰性 Si—O—Al 配位结构被破坏，提高了非晶态二氧化硅反应活性。

　　酸活化过程中大量非晶相 Si—O—Al 结构暴露，极易被质子酸进攻，造成 $Q^4(2Al)$ 结构进一步被破坏，而其他峰强均得到不同程度的加强。剩余的 $Q^4(2Al)$ 结构主要是性质稳定的铝硅酸盐晶体结构。通过酸活化处理，非晶相中活性铝组分浸出，促进 Si—O⁻/Si—O—Si 结构暴露，从而提高其反应活性。

　　3. 活化过程孔道结构及比表面积变化

　　机械-酸协同活化过程，不同样品的孔道结构及比表面积分析如图 3.18 所示，高铝粉煤灰基本属于无孔结构，孔道比表面积仅为 2.695 m²/g；通过机械活化后，颗粒 3～4 nm 介孔孔道略微打开，孔道比表面积提高至 4.912 m²/g（图 3.18），这主要是由于铁质微珠、碳颗粒等杂质相互包裹，通过机械活化后，包裹的游离态物质得到释放，颗粒孔道稍微打开；通过酸活化后，颗粒孔道内部许多嵌黏的杂质得以高效浸出，颗粒孔道进一步打开，孔道比表面积明显增加，可达 9.971 m²/g，较原始粉煤灰提高 2 倍。因此，通过协同活化可丰富颗粒内部孔道，增加孔道内部的比表面积，从而增加其接触位点，促进碱介质与非晶态二氧化硅高效反应，实现非晶态二氧化硅的深度剥离。

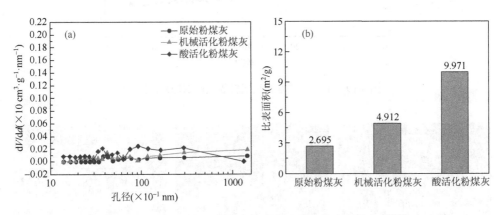

图 3.18　不同处理高铝粉煤灰的颗粒孔道及比表面积变化[117]

### 4. 活化过程矿相形貌变化

高铝粉煤灰中主要矿相是玻璃相、莫来石相和刚玉相（图 3.19）。机械活化后，相互包裹颗粒被破碎，10°～30°之间的玻璃相鼓包峰明显增强，表明玻璃相的非晶态二氧化硅反应活性增加，但晶体结构未发生任何变化；通过酸活化后，颗粒形貌基本不发生变化（图 3.20），这主要是因为质子酸强化进攻颗粒表面及内部嵌黏的杂质，促进杂质及非晶相活性铝等组分高效浸出。XRD 结果表明，通过机械-酸协同活化后，杂质得到高效脱除，样品中非晶相鼓包峰明显增强，玻璃相反应活性明显增加。

以高铝粉煤灰为原料，针对其中非晶相二氧化硅反应活性较低的问题，基于前期机械-化学协同活化研究基础，开展了协同活化机理研究。结果表明：电子探针、BET 结合核磁分析发现高铝粉煤灰的非晶相中 Al—O—Si 配位结构复杂，通过协同活化处理，晶相/非晶相嵌黏夹裹程度降低，促进了质子酸高效分解铝氧键，进一步打开了颗粒内部介孔孔道，比表面积增加 2 倍，增加了非晶态二氧化硅活性作用位点，实现了杂质的深度脱除和非晶态二氧化硅反应活性的大幅提高。

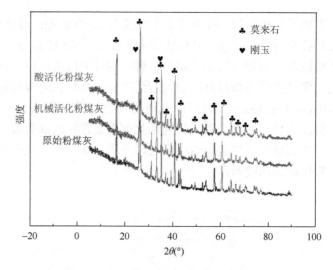

图 3.19　不同处理方式高铝粉煤灰的 XRD 谱图[117]

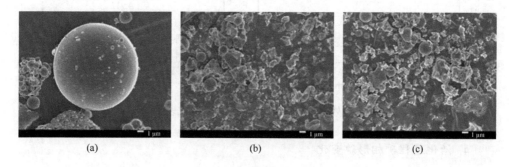

（a）　　　　　　　　　　（b）　　　　　　　　　　（c）

图 3.20　不同处理方式高铝粉煤灰的颗粒形貌变化[117]

（a）HAFA：原始粉煤灰；（b）MHAFA：机械活化粉煤灰；（c）CHAFA：酸活化粉煤灰

## 3.2　稀硅酸体系不同离子对硅溶胶凝胶化过程影响研究

高铝粉煤灰中含有丰富的非晶态二氧化硅和玻璃相铝硅酸盐，在酸活化过程中，铝、铁、钙等杂质进入液相，部分硅则以偏硅酸形式存留在固相中，但仍有部分硅酸根离子进入液相，形成一种低浓度的硅酸溶液或硅溶胶，在大量的阴、阳离子的影响下，硅酸分子稳定性破坏，加速凝胶化进程，形成硅凝胶，导致液固分离困难、酸碱耗较高等问题，进一步影响产品品质和整体工艺顺利进行。因此，系统研究多金属杂质离子共存状态下硅溶胶凝胶化过程机理及反应行为，对整体活化工艺的完善，同时对酸性体系粉煤灰提取氧化铝工艺固液分离过程也具有重要的指导意义。

## 3.2.1　电位突变过程硅酸快速聚合验证

Zeta 电位又称电动电位或电动电势（$\zeta$ 电位或 $\zeta$ 电势），是指剪切面的电位，是表征胶体分散系稳定性的重要指标。Zeta 电位的重要意义在于它的数值与胶态分散的稳定性相关。Zeta 电位是对颗粒之间相互排斥或吸引的强度的度量。分子或分散粒子越小，体系分散性越好，Zeta 电位（正或负）越高，体系越稳定，即溶解或分散可以抵抗聚集。反之，Zeta 电位（正或负）越低，越倾向于凝结或凝聚，即吸引力超过了排斥力，分散被破坏而发生凝结或凝聚。

传统意义上，电解质对硅溶胶稳定性的影响是通过 DLVO 理论来解释的。DLVO 理论应用主要是基于以下假设：硅溶胶粒子之间的作用力主要来源于两方面，一是由范德瓦耳斯作用力引起的粒子之间的静电吸引力，二是由双电层理论引起的排斥力。若粒子之间作用力距离短，则范德瓦耳斯作用力起主导作用，即以静电吸引力为主；若粒子之间作用力距离较长，则双电层引起的排斥力起主导作用，阻止硅溶胶聚合形成凝胶。从另一方面来讲，若粒子之间的排斥力大于其静电吸引力，则硅溶胶粒子均匀分布于溶液体系中；反之，硅溶胶粒子会发生快速聚合形成凝胶，此时溶胶的稳定性结构被破坏。

### 1. 凝胶化过程黏度与电位分析比较

在给定的酸体系下（50 mL 15 g/L $H_2SO_4$），随着硅酸钠溶液滴加量增加，体系的黏度基本不发生变化，而电位变化出现了三个明显的阶段（图 3.21）。第一阶段，硅酸根添加量由 0 mL 至 7.73 mL，硅酸根离子以硅酸小分子的形式分散于体系中，此时电位由 370 mV 降低至 282 mV，变化缓慢；第二阶段，硅酸根添加量由 7.73 mL 至 10.60 mL，$H^+$ 数量减少，硅酸根离子无法形成双电层保护层，硅酸小分子会发生快速聚合，此时电位发生突变由 282 mV 降低至 -224 mV；第三阶段，随着硅酸钠溶液的继续滴加，电位值基本不发生变化，此时硅酸体系已发生凝胶化，体系稳定。基于前期的文献调研，根据不同过程的不同需求，Lee 等[118]学者通过测试体系的黏度变化表征硅溶胶体系的稳定性；Luckham 等[119, 120]学者把凝胶化时间当作较好的表征方式。黏度和凝胶化时间均是宏观表征方式，但是黏度作为表征参数与电位变化相比较基本不发生变化，无法实现该稀硅酸体系的稳定性表征，因此通过电位突变调控凝胶化过程具有可行性。

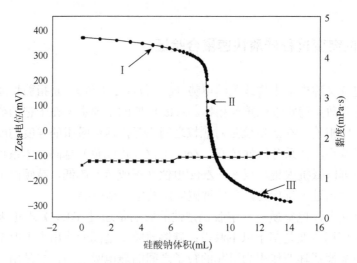

图 3.21　硅酸钠添加量对体系电位和黏度的变化规律[121]

## 2. 不同阶段胶体粒子形貌变化分析

如图 3.22 所示的电位变化的三个不同阶段，取部分样品通过透射电子显微镜（TEM）进行形貌分析。第一阶段[图 3.22（a）]，硅酸根离子进入酸体系与质子酸快速结合，形成稳定的硅酸小分子分布于体系中，其直径分布为 20～60 nm。随着硅酸根离子的不断添加，出现第二阶段即电位突变阶段[图 3.22（b）]，此时硅酸小分子已发生聚合形成大分子，这主要是由于体系原本过量的质子酸被硅酸根离子不断结合，导致过量的硅酸根离子无法得到质子酸形成稳定的双电层，硅酸分子之间发生聚合，大分子直径增加至 100～200 nm。第三阶段[图 3.22（c）]，随着硅酸根离子的进一步滴加，此时双电层进一步被破坏，粒径较大硅酸分子进一步发生聚合生成团状凝胶。上述整个过程均可采用 DLVO 理论进行解释。

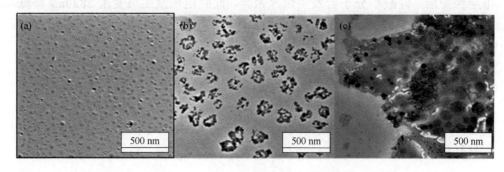

图 3.22　不同阶段硅胶 TEM 形貌图[121]

（a）、（b）、（c）分别代表电位突变过程的第一、二、三阶段

在上述过程中，硅溶胶聚合是不断加强的，主要反应如下述方程式（3.3）～式（3.5）所示。

1）阶段一：稀硅酸形成阶段

在电位未发生突变阶段，$H^+$ 是过量存在的，添加少量硅酸根离子，会形成四羟基结构的硅酸分子[方程式（3.3）]，稳定存在于体系中。剩余的 $H^+$ 在硅酸粒子周围形成稳定的双电层结构，保证硅酸分子在体系中均匀分散，此时体系电位略微降低，但总体电位值保持较高，体系处于稳定。

$$
\begin{array}{c}
\overset{-}{O} \\
\| \\
O = Si \\
| \\
O^-
\end{array}
\quad + \quad 4H^+ \quad \longrightarrow \quad
\begin{array}{c}
HO \quad\quad OH \\
\diagdown\ /\ \\
Si \\
/\ \diagdown\ \\
HO \quad\quad OH
\end{array}
\tag{3.3}
$$

2）阶段二：硅酸快速聚合阶段（电位突变阶段）

当硅酸根离子继续加入，大量参与双电层结构的 $H^+$ 被硅酸根离子吸附至表面形成硅酸分子，导致双电层厚度减薄，而此时总体 $H^+$ 不足以充分形成稳定的双电层结构，硅酸分子双电层结构发生相互重叠和成键，形成大分子的硅酸多聚体[方程式（3.4）]，正电荷的快速降低导致体系电位迅速下降，稳定性遭到破坏。

$$
\begin{array}{c}
HO \quad OH \\
\diagdown\ /\ \\
Si \\
/\ \diagdown\ \\
HO \quad OH
\end{array}
+
\begin{array}{c}
^-O \quad OH \\
\diagdown\ /\ \\
Si \\
/\ \diagdown\ \\
HO \quad OH
\end{array}
\longrightarrow
\begin{array}{c}
HO \quad\quad\quad HO \\
| \quad\quad\quad | \\
HO-Si-O-Si-OH \\
| \quad\quad\quad | \\
HO \quad\quad\quad HO
\end{array}
\tag{3.4}
$$

3）阶段三：凝胶化阶段

随着硅酸根离子的添加，此时大量的大分子多硅酸化合物进一步发生聚合，形成团状聚合体，而体系氢离子形成的双电层结构已完全被破坏，体系总体呈现负电性，且保持稳定。

$$
n
\begin{array}{c}
HO \quad\quad\quad HO \\
| \quad\quad\quad | \\
HO-Si-O-Si-OH \\
| \quad\quad\quad | \\
HO \quad\quad\quad HO
\end{array}
+ OH^-
\longrightarrow
\left[
\begin{array}{c}
HO \quad\quad\quad HO \\
| \quad\quad\quad | \\
HO-Si-O-Si-O \\
| \quad\quad\quad | \\
HO \quad\quad\quad HO
\end{array}
\right]_n
+ nH_2O
$$

$$\tag{3.5}$$

通过 Zeta 电位的在线分析，发现随着硅酸根离子浓度的增加，体系中硅酸分子表面由氢离子形成的稳定双电层结构遭到破坏，引起电位的降低，揭示了硅溶胶凝胶化过程。因此，低硅酸性体系中，通过在线电位实时分析是表征硅溶胶凝胶化的关键手段。

**3. 原位红外分析电位突变过程硅氧键变化**

原位红外谱图随时间变化如图 3.23 所示，在 1040 $cm^{-1}$ 处为 Si—O—Si 吸收峰，1640 cm⁻¹ 处为吸附水的吸收峰。第一阶段，随着硅酸钠溶液的滴加量由 0 mL 到 7.73 mL 时，即如图所示的 0～5 min 阶段，此时硅酸聚合缓慢，主要是以小分子硅酸形式存在于体系中，峰强稍微增强。当硅酸钠溶液继续添加由 7.73 mL 至 10.60 mL 时，即如图所示的 5～11.5 min 阶段，此时小分子硅酸粒子的双电层结构逐渐遭到破坏，硅酸分子聚合速度加快，而此时电位滴定仪将明显降低硅酸钠溶液滴加速度，由第一阶段的 1.55 mL/min 降低至 0.5 mL/min，有利于精确寻找突变点。虽然硅酸添加量较第一阶段明显降低，但是 Si—O—Si 峰强迅速增强，表明此时小分子硅酸已发生快速聚合形成大分子硅酸聚合物，进一步表明电位突变过程实质就是硅酸快速聚合过程。

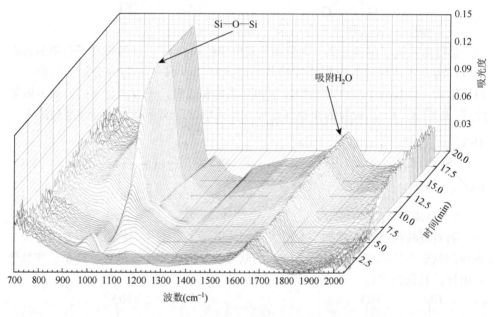

图 3.23　硅酸快速聚合过程在线红外图[99]

## 3.2.2　一价阳离子对电位突变过程的影响

在不同浓度钠、钾离子影响下，Zeta 电位随硅酸钠添加量变化趋势如图 3.24 和图 3.25 所示，电位突变过程即为硅溶胶凝胶化过程，随着一价离子浓度的增加，突变范围越来越窄，凝胶化过程加快。随着酸性体系钠离子浓度的增加，电位突变过程明显变小（图 3.24），即突变过程起始点电位与突变终点电位之差明显减少。起始阶段电位值基本处于 271.69 mV 与 258.79 mV 之间，基本稳定，而突变终点电位相差较大，在 -206.1 mV 到 -45.6 mV 之间。突变范围越窄说明硅酸分子的凝胶化过程越迅速，阳离子影响越大。随着酸性体系钾离子浓度的增加，其变化趋势与图 3.24 变化趋势一致（图 3.25）。突变开始电位值基本在 286.92～246.33 mV 之间，突变终点电位值同样变化较大，由−224.09 mV 到−71.53 mV。综上，当一价阳离子浓度超过 0.4 mol/L 时，电位突变范围明显变窄，凝胶化过程加剧，双电层结构更易被破坏，与其他研究结果一致[122]。

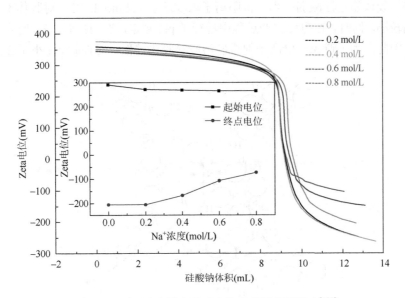

图 3.24　不同浓度钠离子对电位突变过程的影响[121]

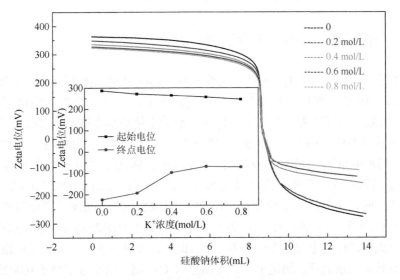

图 3.25　不同浓度钾离子对电位突变过程的影响[121]

一价阳离子对硅溶胶稳定性影响机制如图 3.26 所示。一价阳离子在硅溶胶粒子表面具有水合及中和吸附作用，每个一价阳离子与六个水分子的氧原子结合，在硅溶胶体系中具有"架桥"作用。此时水合钠离子在硅溶胶粒子表面被吸附中和其表面的负电荷，水合分子被胶体粒子表面的硅羟基取代，双电层结构遭到破坏，与周围的硅溶胶粒子发生脱水聚合形成大分子硅酸。当一价阳离子浓度增加时，破坏作用增强，胶体稳定性减弱；当一价阳离子浓度低于 0.4 mol/L 时，对胶体本身稳定性影响较小。同时，在电位突变过程中进行了 pH 测定，当 pH 等于 2.2 时电位发生突变。因此，为了避免一价离子促进硅溶胶凝胶化过程，可控制 pH 小于 2.2。

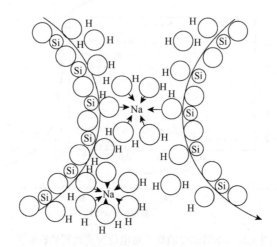

图 3.26　钠离子的中和吸附作用示意图[99]

### 3.2.3　二价阳离子对电位突变过程的影响

二价阳离子 $Ca^{2+}$ 和 $Mg^{2+}$ 对电位突变过程的影响分别如图 3.27 和图 3.28 所示。随着钙离子浓度的增加，电位突变范围明显变窄，电位突变终点电位增加。由图 3.27 可知，不同钙离子浓度下，体系中起始电位值基本维持在 282 mV，当钙离子浓度由 0.00125 mol/L 增加到 0.02 mol/L 时，突变终点电位值由−217.26 mV 增加至−138.36 mV，表明体系稳定性明显减弱。镁离子对电位突变过程的影响与钙离子的影响变化趋势一致（图 3.28），当镁离子浓度由 0.00125 mol/L 增加到 0.02 mol/L 时，突变终点电位值由−205.79 mV 增加至−126 mV，突变范围变窄，胶体稳定性下降。当 $Mg^{2+}$ 和 $Ca^{2+}$ 离子浓度分别低于 0.0025 mol/L 和 0.005 mol/L 时，电位突变过程的电位值变化基本一致，此时突变过程主要是因为硅酸根离子浓度增大导致双电层破坏，加速聚合。当 $Mg^{2+}$ 和 $Ca^{2+}$ 离子浓度分别高于 0.0025 mol/L 和 0.005 mol/L 时，电位突变范围明显变窄，硅酸聚合速度加快，促进了凝胶化进程。这主要是因为二价阳离子较强的水合作用，破坏了粒子表面稳定的双电层结构，加速了硅溶胶粒子之间的脱水缩合。二价阳离子对硅溶胶凝胶化过程具有较强的促进作用，这一实验结果与之前报道一致[123, 124]。

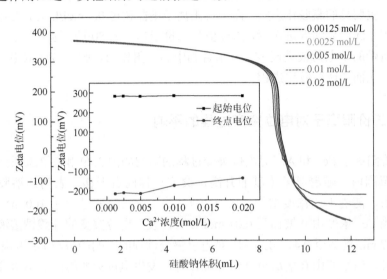

图 3.27  不同浓度钙离子对电位突变过程的影响[121]

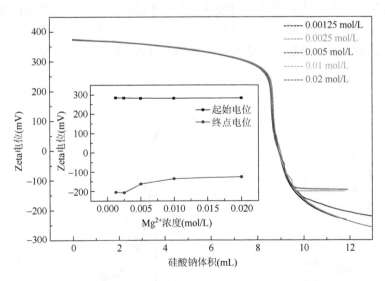

图 3.28  不同浓度镁离子对电位突变过程的影响[121]

为避免二价阳离子对硅溶胶凝胶化过程的影响，$Mg^{2+}$ 和 $Ca^{2+}$ 离子浓度应分别控制在 0.0025 mol/L 和 0.005 mol/L 以下，对应 pH 值则应控制在 1.9 以下，保证充分的氢离子参与形成稳定的双电层结构。同时对比图 3.27 和图 3.28 可知，$Mg^{2+}$

的促凝胶化影响大于 $Ca^{2+}$，这主要是由于 $Mg^{2+}$ 的离子半径较小更容易进入双电层，破坏其稳定结构。

由一价阳离子和二价阳离子的影响比较发现，二价阳离子的浓度超过 0.005 mol/L 时即可产生明显的凝胶化影响，而一价阳离子则需超过 0.4 mol/L 时，对硅溶胶凝胶化过程才起明显的促进作用，浓度值是二价阳离子的 80 倍。这主要是因为二价阳离子所带的正电荷数量较多，其水合和中和吸附作用增强，破坏双电层结构能力增加，从而加速凝胶化进程。

### 3.2.4 三价阳离子对电位突变过程的影响

三价阳离子 $Fe^{3+}$ 和 $Al^{3+}$ 对电位突变过程的影响如图 3.29 和图 3.30 所示，在较低浓度范围内，随着离子浓度的升高，突变过程向右平移，表明硅溶胶凝胶化进程滞后。随着 $Fe^{3+}$ 浓度增加（图 3.29），第二阶段突变过程在 100 mV 处变化最大。当 $Fe^{3+}$ 浓度由 0 增加至 0.01 mol/L 时，发生电位突变的硅酸钠溶液添加量则从 8.37 mL 增加至 9.41 mL；$Al^{3+}$ 对电位突变过程的影响趋势与 $Fe^{3+}$ 的影响一致（图 3.30），当浓度由 0 增加至 0.01 mol/L 时，发生电位突变的硅酸钠溶液添加量则从 8.58 mL 增加至 9.75 mL。这主要是因为三价阳离子具有水解和络合作用，产生部分氢离子，有利于在更多硅溶胶粒子表面形成稳定的双电层结构，提高体系的分散性，从而阻碍硅酸分子的聚合过程。因此，三价阳离子浓度的升高，可有效缓解硅溶胶凝胶化过程，上述实验结果与之前相关报道结果一致[125, 126]。

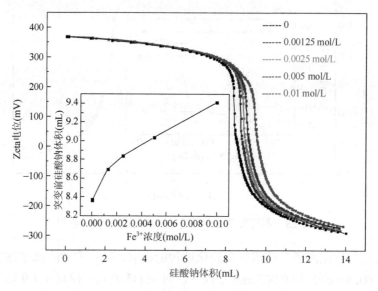

图 3.29　不同浓度铁离子对电位突变过程的影响[121]

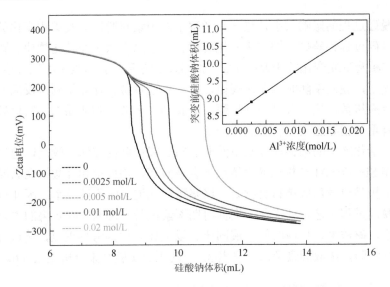

图 3.30　不同浓度铝离子对电位突变过程的影响[121]

本节主要针对酸活化过程胶体大量形成降低固液分离效率问题，通过对 DLVO 和 Zeta 电位的理论研究，建立了在线电位、黏度及 pH 实时监测硅溶胶凝胶化分析方法，考察了不同价态阳离子对硅溶胶凝胶化过程的影响，确定其作用规律及机制，为酸活化控制提供了理论基础。

## 3.3　非晶相二氧化硅深度分离

经过机械-化学协同活化形成的粉煤灰，活性铝、铁、钙等元素得到有效脱除，颗粒比表面积大幅提升，具有杂质含量低、硅氧的碱反应活性高的特点，进一步开展深度脱硅过程研究，有望实现非晶态二氧化硅的深度剥离，大幅提高物料铝硅比。针对活化处理得到的活化粉煤灰，开展脱硅过程铝氧硅价键结构变化规律、元素赋存状态及转化规律、颗粒孔道结构、矿相及形貌变化等研究，明确非晶相二氧化硅深度分离机理，对脱硅工艺调控和非晶态二氧化硅的高效脱除具有重要指导意义。

### 3.3.1　脱硅过程正交实验

通过稀碱脱除非晶态二氧化硅是实现铝硅比大幅提高的常用方法。但是，脱硅过程仍存在杂质含量高、脱硅效率低、过程复杂等问题。本节针对协同活化处理的活化粉煤灰，开展了系统的脱硅工艺优化，通过正交实验结果初步明确不同因素对脱硅过程的影响大小，进一步考察不同因素对脱硅率及矿相变化的影响；开展了脱硅过程铝氧硅价键结构变化规律、元素赋存状态及转化规律、颗粒孔道结构、矿相及形貌变化等研究；开展了脱硅动力学研究，考察了不同温度、浓度、搅拌速度下，脱硅率随时间变化规律，进一步通过拟合计算得到该反应的动力学方程和反应级数，确定关键控制步骤，对脱硅工艺调控和非晶态二氧化硅的高效脱除具有重要指导意义。

协同活化产生的高铝粉煤灰虽然非晶态二氧化硅反应活性较高，但仍有少部分非晶相 Si—O—Al 结构在碱性体系下会被破坏，铝酸根和硅酸根在高温氢氧化钠体系下极易自发形成沸石类物质，堵塞颗粒孔道影响脱硅效率。因此有必要开展深度脱硅过程工艺条件优化。根据前期探索试验，影响脱硅效果的主要因素为反应温度、碱浓度、反应时间和液固比。以上述条件为考察重点，选取 $L_9(3^4)$ 正交表进行实验，选取因素及水平见表 3.5，其正交实验结果分析见表 3.6。

表 3.5  正交实验因素及水平[99]

| 水平 | 因素 | | | |
| | $T$ (℃) | $C$ (mol/L) | $t$ (min) | L/S |
| --- | --- | --- | --- | --- |
| 水平 1 | 30 | 2 | 30 | 3 |
| 水平 2 | 60 | 4 | 60 | 5 |
| 水平 3 | 90 | 6 | 90 | 7 |

表 3.6  正交实验结果[99]

| 序号 | 因素 | | | | |
| | $T$ (℃) | $C$ (mol/L) | $t$ (min) | L/S | $X_T$ (%) |
| --- | --- | --- | --- | --- | --- |
| 1 | 30 | 2 | 30 | 3 | 7.31 |
| 2 | 30 | 4 | 60 | 5 | 9.79 |
| 3 | 30 | 6 | 90 | 7 | 11.94 |
| 4 | 60 | 2 | 60 | 7 | 19.93 |
| 5 | 60 | 4 | 90 | 3 | 21.73 |
| 6 | 60 | 6 | 30 | 5 | 21.2 |
| 7 | 90 | 2 | 90 | 5 | 47.69 |
| 8 | 90 | 4 | 30 | 7 | 52.2 |
| 9 | 90 | 6 | 60 | 3 | 54.81 |
| $K_1$ | 9.68 | 22.98 | 26.90 | 27.95 | |
| $K_2$ | 20.95 | 27.91 | 28.18 | 24.23 | |
| $K_3$ | 49.57 | 29.32 | 25.12 | 28.02 | |
| $R$ | 39.89 | 4.34 | 3.06 | 3.80 | $T>C>L/S>t$ |

由表 3.6 结果结合图 3.31 分析可知，影响脱硅率大小的因素排序为：反应温度＞碱浓度＞液固比＞反应时间。从极差分析结果发现，30～90℃脱硅率较低，仅为 39.58%，远大于碱浓度、液固比及反应时间所产生的极差。在适当范围内，提高反应温度、碱浓度、时间及液固比可有效脱除非晶态二氧化硅，其中温度调控对提高活化粉煤灰脱硅率具有重要作用。

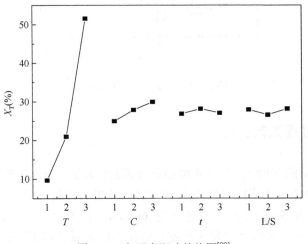

图 3.31　各因素影响趋势图[99]

图 3.32 为上述 9 组实验 XRD 矿相分析图，可以看出，在反应温度较低时，5°～30°处鼓包峰未消失，表明玻璃相脱除效率较低。当反应温度达到 90℃时，玻璃相二氧化硅极易被分解，5°～30°处鼓包峰消失；同时发现在该反应温度下，反应时间超过 90 min 时，14.5°和 24.5°处出现沸石峰，说明脱硅液中铝酸根与硅酸根离子在碱性体系下共存较长时间会促进沸石的自发生成。

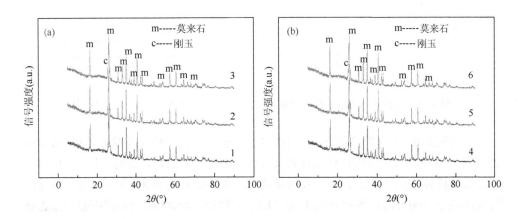

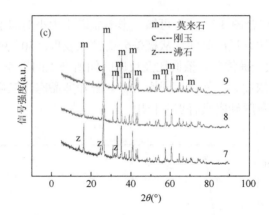

图 3.32 正交实验固体 XRD 图谱[99]

### 3.3.2 脱硅过程工艺优化

在正交实验的基础上，进一步缩小各因素条件范围，分别考察不同反应温度、碱浓度、反应时间及液固比对活化粉煤灰脱硅效果的影响。

在碱浓度为 5 mol/L，反应时间为 60 min，液固比为 4∶1，搅拌速度为 400 r/min 条件下，考察不同反应温度对活化粉煤灰脱硅率[图 3.33（a）]及矿相变化[图 3.33（b）]影响。

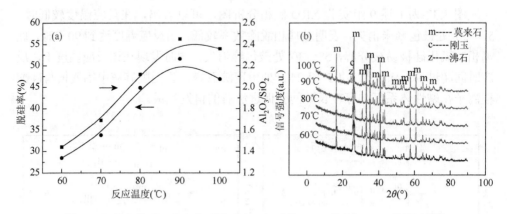

图 3.33 反应体系温度变化对脱硅率、铝硅比（a）及矿相（b）的影响[111]

当反应温度由 60℃升高至 90℃[图 3.33（a）]，活化粉煤灰脱硅率由 28.44% 提高至 51.61%，对应的固相样品铝硅比由 1.44 提高至 2.45，此时由图 3.33（b）可以看出固体物料 XRD 谱图中鼓包峰消失，主要矿相为莫来石-刚玉相。当反应温度提高至 100℃时，脱硅率反而由 51.61%降低至 46.88%，固相铝硅比由 2.45

降低至 2.36，此时 XRD 谱图中虽然鼓包峰消失了，但除了莫来石-刚玉相外，分别在 14.5°和 24.5°出现沸石峰，表明在高温碱性体系下，硅酸根、铝酸根与氢氧化钠易发生快速反应形成沸石附着于颗粒表面，不仅降低溶液中硅含量，而且阻碍非晶态相二氧化硅的深度剥离。因此，为了提高脱硅率同时避免沸石物质的快速自发生成，反应温度应控制在 90～95℃。

在反应温度为 90℃，反应时间为 60 min，液固比为 4∶1，搅拌速度为 400 r/min 条件下，考察不同碱浓度对活化粉煤灰脱硅率[图 3.34（a）]及矿相变化[图 3.34（b）]的影响。

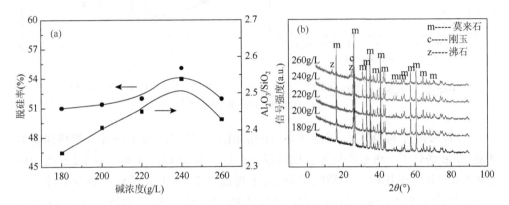

图 3.34　反应体系碱浓度变化对脱硅率、铝硅比（$T = 90℃$，$t = 60$ min，L/S = 4）（a）及矿相（b）的影响[111]

当反应体系碱浓度由 4.5 mol/L 提高至 6.0 mol/L 时，活化粉煤灰脱硅率由 51.01%提高至 55.11%，固相铝硅比由 2.34 提高至 2.54，此时固体物料 XRD 谱图中鼓包峰消失，主要矿相为莫来石-刚玉相。当碱浓度由 6.0 mol/L 提高至 6.5 mol/L 时，物料脱硅率由 55.11%降低至 51.96%，固相铝硅比由 2.54 降低至 2.43，此时 XRD 谱图中虽然鼓包峰消失了，但分别在 14.5°和 24.5°处出现了沸石峰，表明在高碱性体系下，氢氧根离子和钠离子促进硅酸根离子与铝酸根离子快速结合自发反应形成沸石。因此，最佳反应碱浓度应控制在 5.0～6.0 mol/L。

在反应温度为 90℃，碱浓度为 5.0 mol/L，液固比为 4∶1，搅拌速度为 400 r/min 条件下，考察不同反应时间对活化粉煤灰脱硅率[图 3.35（a）]及矿相变化[图 3.35（b）]的影响。当反应时间由 30 min 提高至 120 min 时，活化粉煤灰脱硅率由 39.94%提高至 55.63%，相应的固相铝硅比由 2.01 提高至 2.63，此时固体物料 XRD 谱图中鼓包峰消失。当继续延长反应时间至 180 min 时，物料脱硅率则由 55.63%降低至 48.35%，固相铝硅比由 2.63 降低至 2.50，此时 XRD 谱图中虽然鼓包峰消失，但沸石峰出现，表明在优化的温度和碱浓度体系下，随着时间的继续增加，氢氧根离子、钠离子、硅酸根离子与铝酸根离子也将逐步结合自发反应形成沸石。因此，最佳反应时间应控制在 120 min 以内。

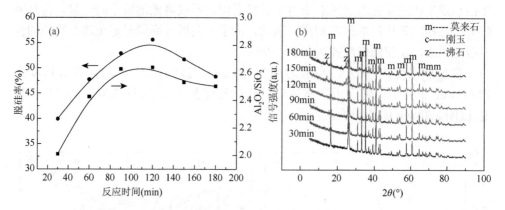

图 3.35　反应时间变化对脱硅率、铝硅比（$T = 90$℃，L/S = 4，$C = 5.0$ mol/L）
（a）及矿相（b）的影响[111]

在反应温度为 90℃，碱浓度为 5.0 mol/L，反应时间为 60 min，搅拌速度为 400 r/min 条件下，考察不同液固比对活化粉煤灰脱硅率[图 3.36（a）]及矿相变化 [图 3.36（b）]的影响。当液固比由 3∶1 提高至 7∶1 时，活化粉煤灰脱硅率由 42.5%提高至 57%，相应的固相铝硅比由 2.30 提高至 2.55，此时固体物料 XRD 谱图中鼓包峰消失，且无沸石峰出现。表明在优化的温度、碱浓度和反应时间体系下，可以严格控制沸石物质的生成。随液固比的升高，反应体系中硅酸根离子、铝离子浓度稀释，阻碍了沸石物质的自发生成，同时也促进了活化粉煤灰中玻璃相二氧化硅的进一步脱除。但为了减少后续过程苛化蒸发所需能耗，同时保证较高脱硅率，最优液固比应控制在 5∶1。

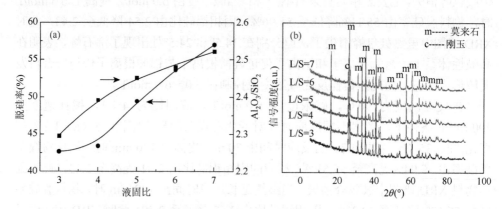

图 3.36　液固比变化对脱硅率、铝硅比（$T = 90$℃，$t = 60$ min，$C = 5.0$ mol/L）
（a）及矿相（b）的影响[111]

　　综上，最优脱硅工艺条件为反应温度为 90～95℃，碱浓度为 5.0 mol/L，反应时间为 90 min，液固比为 5∶1。在该条件下反应得到固体物料组成如表 3.7 所示。

表 3.7　脱硅粉煤灰化学组成（%，质量分数）及铝硅比[99]

| 样品 | $Al_2O_3$ | $SiO_2$ | $Fe_2O_3$ | CaO | MgO | $Na_2O$ | Al/Si |
|---|---|---|---|---|---|---|---|
| 脱硅粉煤灰 | 69.61 | 24.64 | 0.73 | 0.29 | 0 | 0 | 2.83 |

### 3.3.3　脱硅过程机理分析

　　由图 3.37（a）可以看出，高铝粉煤灰经过机械-化学（酸）协同活化后，晶相与非晶相嵌黏包裹结构被有效破坏，非球形颗粒细杂弥散，包裹的杂质被强化分解，促进颗粒介孔孔道逐步打开，接触位点增加。另外，非晶相复杂 Al—O—Si 配位结构破坏，铝元素高效浸出，Si—O—反应活性大幅提高。在碱介质体系中，氢氧根离子进入孔道内部，解离晶相与非晶相接触界面，加快分解非晶态二氧化硅，以硅酸根的形式进入液相[反应式（3.6）]，棒状莫来石结构逐渐暴露，实现晶相与非晶相的深度剥离（图 3.37）。

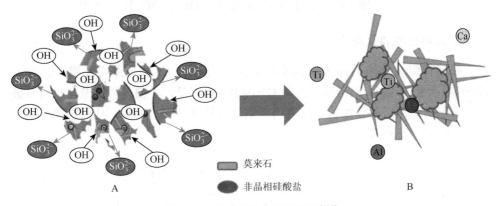

图 3.37　脱硅反应过程示意图[117]

　　　莫来石

　　　非晶相硅酸盐

$$A \rightarrow B: SiO_2 + 2NaOH \xlongequal{\quad} Na_2SiO_3 + H_2O \tag{3.6}$$

1. 脱硅过程元素迁移与赋存规律

　　活化高铝粉煤灰经过稀碱脱硅后，大量非晶态二氧化硅和少部分活性铝高效浸出，得到脱硅粉煤灰，其电子探针扫描图如图 3.38 所示。脱硅粉煤灰中铝、硅、氧元素同时被捕收，但硅元素亮点处明显变暗，铝元素亮点处明显变亮，表明大量非晶态二氧化硅脱除后，富集铝、硅、氧元素主要以莫来石相、刚玉相及少量石英相形式存在。同时比较酸活化粉煤灰的元素分布，发现经脱硅粉煤灰中钙、铁杂质由富集状态变为分散状态，而钛元素则与铝硅矿物赋存，表明钙、铁杂质主要与玻璃相处于相互包裹状态，当非晶态二氧化硅分解后，包裹的杂质大量暴露并释放，而钛元素处于莫来石-刚玉相晶体结构中，并稳定存在。

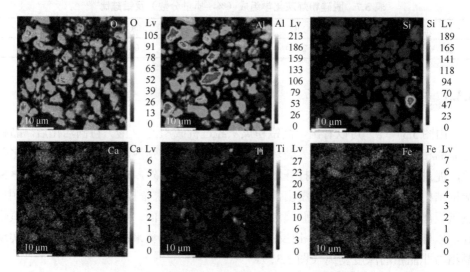

图 3.38　脱硅粉煤灰表面的电子探针扫描图[117]

## 2. 脱硅过程铝氧硅价键变化

脱硅粉煤灰莫来石晶体峰强明显增强（图 3.39），通过拟合发现其含量由 17.5%增加至 51.2%，而玻璃相主峰 $Q^4$(0Al) 大幅降低，主要是因为碱介质极易破坏非晶态二氧化硅和活性较高的玻璃相铝硅酸盐硅氧配位结构，从而实现非晶相二氧化硅的深度剥离。

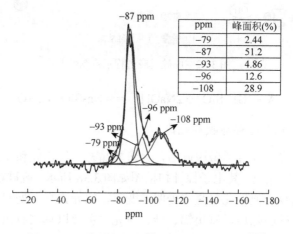

| ppm | 峰面积(%) |
| --- | --- |
| -79 | 2.44 |
| -87 | 51.2 |
| -93 | 4.86 |
| -96 | 12.6 |
| -108 | 28.9 |

图 3.39　脱硅粉煤灰的 $^{29}$Si MAS NMR 谱图[117]

### 3. 脱硅过程孔道结构及比表面积变化

经过机械-化学协同活化后，颗粒的反应活性得到大幅提升。经过稀碱脱硅过程，非晶态二氧化硅高效剥离，其 $N_2$ 吸附等温线、比表面积及孔径分布如图 3.40 所示。活化粉煤灰及脱硅粉煤灰均属于第Ⅳ类吸附等温线，有明显的滞后环，其中脱硅粉煤灰因其玻璃相高效脱除，孔道丰富度增加，其滞后环明显。协同活化粉煤灰介孔孔道较少，比表面积仅为 9.971 $m^2/g$，主要是因为大量的玻璃相包裹堵塞颗粒孔道，形成致密的嵌黏体；当玻璃相高效剥离后，30～40 nm 介孔孔道打开，此时颗粒的比表面积达到 26.1 $m^2/g$，表明玻璃相主要嵌黏于 30～40 nm 介孔孔道。随着玻璃相的高效浸出，莫来石-刚玉相相互交错形成稳定的空间骨架，从而提高其吸附性能和耐压强度，为新材料制备提供优质原材料。

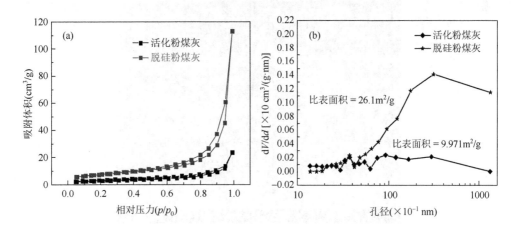

图 3.40 活化和脱硅高铝粉煤灰的 $N_2$ 吸附等温线和孔径分布[117]

### 4. 脱硅过程矿相形貌变化

酸活化粉煤灰的主要矿相为莫来石-刚玉相和玻璃相（图 3.41），其中 5°～30° 处有两处鼓包代表玻璃相，在碱性体系下反应活性较高。经过稀碱脱硅过程，玻璃相鼓包峰消失，莫来石相和刚玉相峰强明显增强，这主要是因为非晶相二氧化硅与碱介质发生反应，促进了非晶相与晶相高效分离。经过脱硅处理后，玻璃相和莫来石相嵌黏夹裹结构被破坏，莫来石晶粒凸显，未完全生长为莫来石晶体，需经过高温烧结促进晶粒生长成为棒状莫来石（图 3.42）。

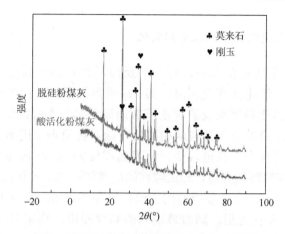

图 3.41　酸活化和脱硅粉煤灰 XRD 谱图[117]

图 3.42　脱硅粉煤灰的颗粒形貌变化[99]

### 3.3.4　脱硅动力学

　　研究不同因素对脱硅反应速率的影响是浸出动力学研究的主要内容。通过研究脱硅过程浸出动力学，不仅可以增加对该反应过程机理的认识，同时可以为工程设计与放大提供基础数据。

　　1. 表观动力学模型

　　收缩未反应芯模型[127, 128]为液-固非均相催化反应最常见的反应模型，简称"缩芯模型"。缩芯模型分为颗粒缩小缩芯模型和粒径不变缩芯模型。粒径不变缩芯模型的特点是有固相产物层生成，反应过程中颗粒粒径不变，在碱性浸出过程中该类模型较为常见。而该活化粉煤灰非晶相与晶相相互包裹，玻璃相二氧化硅浸出过程颗粒粒径基本不发生变化，且固相原料有较多小型球形颗粒。因此，该过程可采用粒径不变缩芯模型进行动力学研究。有固态产物层的浸出反应由以下步骤组成（图 3.43）：

（1）外扩散过程：液相中浸出剂 A 由矿粒（半径为 $r_0$）外面的液膜扩散至颗粒外表面，此过程浓度由 $C_A$ 减小至 $C_{AS}$；

（2）内扩散过程：浸出剂从矿粒外面通过固相产物层或者惰性残留层扩散至收缩未反应芯（半径为 $r$）的界面，浓度由 $C_{AS}$ 减小至 $C_{AC}$；

（3）表面化学反应控制过程：浸出剂和矿粒在半径为 $r$ 的界面上进行反应过程；

（4）产物的内扩散过程：生成可溶性的反应产物由固相产物层或者惰性残留层扩散到颗粒外表面，浓度由 $C_{FC}$ 减小至 $C_{FS}$；

（5）产物的外扩散过程：可溶性的反应产物由颗粒的外表面通过液膜扩散至液相主体，浓度由 $C_{FS}$ 减小至 $C_F$。

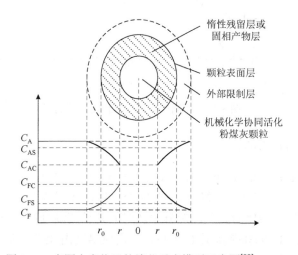

图 3.43　有固态产物层的缩芯反应模型示意图[99]

反应动力学方程通常由浸出过程速率控制步骤确定。因此，当单位时间内浸出矿物的量取决于浸出剂通过液膜层的扩散速度时，速率方程可表示为：$kt = X_B$；

当浸出过程中浸出剂通过液膜扩散层时，且固膜的扩散阻力很小，反应过程受化学反应控制，此时速率方程可表示为：$kt = 1-(1-X_B)^{1/3}$；

当浸出过程中固态产物层对浸出剂的扩散阻力远大于外扩散，同时化学反应速度很快时，反应过程受固膜扩散控制，此时速率方程可表示为：$kt = 1-2/3X_B-(1-X_B)^{2/3}$。

其中，$k$ 是速率常数，$t$ 为反应时间，$X_B$ 为玻璃相二氧化硅浸出率。

**2. 搅拌速度影响**

不同搅拌速度对传质过程的影响如图 3.44 所示。在反应温度为 95℃、液固比为 5∶1、氢氧化钠浓度为 240 g/L 条件下，不同搅拌速度对 $SiO_2$ 浸出率影响较小，当转速达 400 r/min 以上时，其浸出率基本完全一致，说明此时液膜扩散不是浸出反应的控制步骤。综上，为了减小外扩散影响，本研究选择在搅拌速度为 400 r/min 条件下进行。

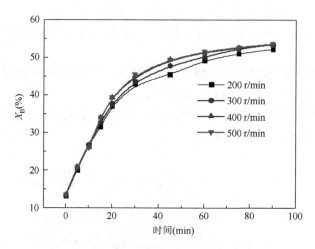

图 3.44　不同搅拌速度对传质过程的影响[99]

**3. 反应温度影响**

在氢氧化钠浓度为 240 g/L、液固比为 5∶1、搅拌速度为 400 r/min 反应条件下，考察不同反应温度下脱硅率随时间变化规律（图 3.45）。当反应温度从 65℃升高至 85℃时，活化粉煤灰的脱硅率随时间延长逐渐升高。当反应时间达 90 min 时，脱硅率由 17.94% 提高至 47.32%。当反应温度由 85℃升高至 95℃时，虽然随时间延长脱硅率由 47.32% 提高至 57.64%。但是当反应时间达 60 min 时，此时脱硅率增长趋势减缓；当达到 90 min 时，基本不发生变化。因此，提高反应温度能够极大促进玻璃相二氧化硅的高效剥离，实现铝硅比的大幅提高。

分别以反应时间为横坐标，$1-(1-X_B)^{1/3}$ 和 $1-2/3X_B-(1-X_B)^{2/3}$ 为纵坐标做线性拟合分析（图 3.46）。在不同反应温度下，脱硅反应前期缩芯模型 $1-(1-X_B)^{1/3}$ 与浸出时间呈现良好的线性关系，表明该脱硅反应前期受表面反应控制。如图 3.47 所示，反应后期 $1-2/3X_B-(1-X_B)^{2/3}$ 与浸出时间呈现良好的线性关系，表明脱硅反应后期受固膜扩散控制。

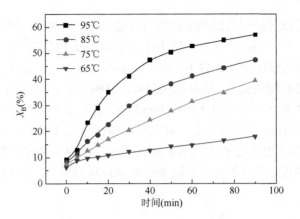

图 3.45　不同反应温度时的 $SiO_2$ 浸出率随时间的变化[99]

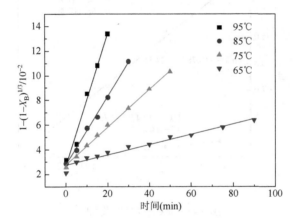

图 3.46　不同反应温度下反应前期动力学方程随时间变化关系[99]

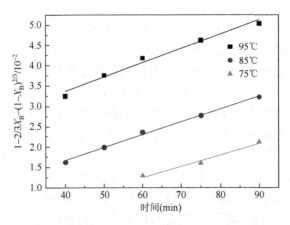

图 3.47　不同反应温度下反应后期动力学方程随时间的变化关系[99]

分别将脱硅反应前期及后期缩芯模型与浸出时间的关系（图 3.46 和图 3.47）进行线性回归，所得到的直线斜率即为不同反应温度下的 $k$ 值。根据 Arrhenius 方程 $\ln k = \ln A - E/(RT)$，将 $\ln k$ 对 $1/T$ 作图，如图 3.48 所示，结果表明反应前期及后期均呈现较好的线性关系，线性相关度可达 99% 以上。由斜率值（斜率 = $-E/R$）求得反应前期表观活化能为 89.625 kJ/mol，后期表观活化能为 12.804 kJ/mol。该脱硅过程反应前期大量非晶态二氧化硅与碱介质发生反应，是影响反应速率的关键；同时非晶相中部分铝元素也随之浸出，反应后期硅酸根、铝酸根和钠离子在碱介质体系下自发形成沸石附着于颗粒表面（固膜），成为影响反应速率的关键。

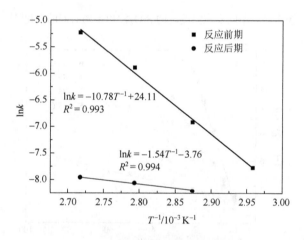

图 3.48    $\ln k$ 与 $T^{-1}$ 的关系[99]

**4. 碱浓度影响**

在反应温度为 95℃、液固比为 5∶1、搅拌速度为 400 r/min 反应条件下，考察了在不同碱浓度下，脱硅率随时间变化规律（图 3.49）。当碱浓度从 50 g/L 升高至 150 g/L 时，活化粉煤灰的脱硅率随时间延长逐渐升高，当反应时间从 20 min 延长到 90 min 时，脱硅率由 30.44% 提高至 52.63%。当碱浓度继续升高至 200 g/L 时，脱硅率随时间延长也逐渐升高，90 min 的脱硅率由 52.63% 提高至 55.21%。但是当反应时间达 60 min 时，脱硅率基本不发生变化。因此，适当提高碱浓度也能促进非晶态二氧化硅的高效浸出。

通过拟合结果发现（图 3.50），在不同碱浓度下，脱硅反应前期缩芯模型 $1-(1-X_B)^{1/3}$ 与浸出时间呈现良好的线性关系，表明该脱硅反应前期受表面反应控制。如图 3.51 所示，反应后期 $1-2/3X_B-(1-X_B)^{2/3}$ 与浸出时间呈现良好的线性关系，表明脱硅反应后期受固膜扩散控制。

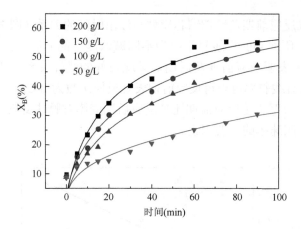

图 3.49　不同 NaOH 溶液浓度时的 $SiO_2$ 浸出率随时间的变化[99]

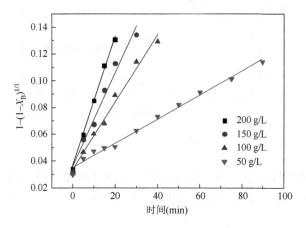

图 3.50　不同 NaOH 溶液浓度时反应前期动力学方程式随时间的变化[99]

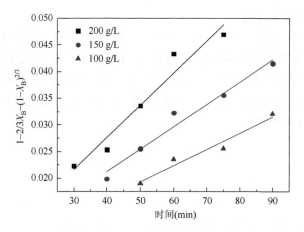

图 3.51　不同 NaOH 溶液浓度时反应后期动力学方程式随时间的变化[99]

　　分别将脱硅反应前期及后期缩芯模型与浸出时间的关系（图3.50和图3.51）进行线性回归，所得到的直线斜率即为不同碱浓度下的 $k$ 值，将 $\ln k$ 对 $\ln c$ 作图（图 3.52）。结果表明反应前期及后期均呈现较好的线性关系，线性相关度可达96%以上。由其直线斜率可求得反应前期表观反应级数为 1.21，反应后期表观反应级数为 0.98，表明无论反应前期还是反应后期固膜对脱硅反应影响较小，碱浓度依然是影响反应速率的主要因素。

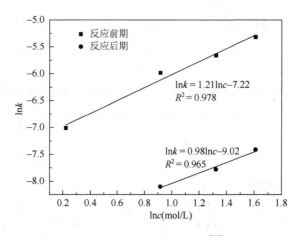

图 3.52　$\ln k$ 与 $\ln c$ 的关系[99]

　　基于上述不同因素影响下，脱硅率随时间变化规律分析，明确了该脱硅反应前期受表面反应控制，后期受固膜扩散控制。因此活化高铝粉煤灰碱溶脱硅反应前期动力学方程为

$$1-(1-X_{\mathrm{B}})^{1/3}=2.957\times10^{7}\exp[-89625/(RT)]\cdot t \tag{3.7}$$

反应后期动力学方程：

$$1-2/3X_{\mathrm{B}}-(1-X_{\mathrm{B}})^{2/3}=2.328\times10^{-2}\exp[-12804/(RT)]\cdot t \tag{3.8}$$

　　本节针对活化高铝粉煤灰脱硅过程，着重解决非晶态二氧化硅高效脱除同时避免副反应发生的问题。开展了非晶相中 Al—O—Si 价键结构变化规律、元素赋存状态及转化规律、孔道结构特征、矿相/形貌变化以及深度脱硅动力学等研究，揭示了其脱硅反应机理。

# 第 4 章
## 深度脱硅粉煤灰制备莫来石基矿物复合材料

莫来石是 $Al_2O_3$-$SiO_2$ 体系中在常压下唯一稳定存在的二元化合物，晶体构型属斜方晶系，主要由[$AlO_6$]八面体与[$AlO_4$]、[$SiO_4$]四面体有序排列而成，其化学式一般可表示为：$Al_{4+2x}Si_{2-2x}O_{10-x}$。$x$ 的变化范围可为 $0\sim1$，即其铝硅组成可在 $Al_2SiO_5$ 与 $Al_2O_3$ 之间[129]。莫来石因具有热稳定性高、热膨胀系数低、抗蠕变强度高、耐火度高、体积稳定性好等特点及独特的骨架结构，表现出一系列优异性能，作为耐火砖材应用于钢铁、冶金、燃气等行业[130, 131]。此外，莫来石还具有良好的透光性及介电性能，在光学、电子等领域开始得到应用[132]。而在一些耐磨性和防腐性要求较高的领域，莫来石也因其化学稳定性高、强度衰减小的特点在磨料、铸造等方面被使用[133]。目前，莫来石主要应用于耐火材料的使用，其种类包含高纯电熔莫来石、普通电熔莫来石、全天然铝矾土精矿烧结莫来石和轻烧莫来石等。

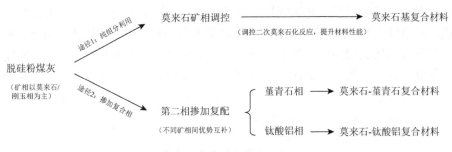

图 4.1  脱硅粉煤灰材料化制备整体思路图

高铝粉煤灰通过前期协同活化-深度脱硅后，其氧化铝含量高达 68%以上，钠、镁、钙、铁含量均低于 1%，主要矿相以莫来石-刚玉相为主，已具备制备莫来石基材料的基本条件。但深度脱硅后的高铝粉煤灰中莫来石矿相以未发育完全的晶粒为主，耐火度和强度较低，无法直接应用，因此亟需研发出性能优异的莫来石基矿物复合材料工艺（图 4.1）。针对脱硅粉煤灰特有的矿相组成特点，结合其矿相与元素组成特点，通过掺加堇青石与钛酸铝，制备出莫来石基复合材料。对烧结过程矿相变化、晶粒生长规律等的研究，可为制备合格莫来石基复合材料提供技术支撑和理论指导。

# 4.1　脱硅粉煤灰制备莫来石基复合材料

机械协同活化-深度脱硅工艺处理后获得的脱硅粉煤灰粉料可经过混料-成型-烧结工艺制备莫来石基复合材料（图 4.2），通过正交实验确定成型过程中物料含水率、成型压力、添加剂含量以及烧结过程中温度和时间等不同因素对莫来石基复合材料性能影响的显著性，优化工艺条件考察范围，再进一步通过单因素实验分别考察上述条件对莫来石基复合材料性能的影响，对粉煤灰中主要杂质元素对制备莫来石基复合材料的影响也进行了分析。

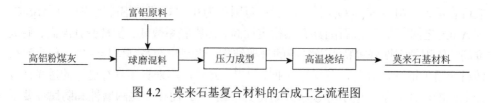

图 4.2　莫来石基复合材料的合成工艺流程图

## 4.1.1　正交实验

脱硅粉煤灰粉体主要矿相为莫来石相和刚玉相，形貌主要以小棒状莫来石晶粒形式存在。但其晶粒发育时间短、粒径较小，无法形成稳定空间骨架提供优良性能。可通过成型-烧结工艺以进一步促进莫来石晶粒生长，调控体积密度、吸水率、显气孔率等关键指标。基于此开展了正交实验以考察不同因素对体积密度的影响程度，完善后续工艺优化。根据前期研究基础，性能主要影响因素包括成型压力、物料含水率、黏结剂添加量、烧结温度和烧结时间，选取 $L_{16}(4^5)$ 正交表进行实验，研究了上述五个因素对体积密度的影响（表 4.1）。

表 4.1　正交实验因素及水平[99]

| 水平 | 成型压力（MPa） | 含水率（%） | 烧结温度（℃） | 烧结时间（h） | 黏结剂添加量（%） |
|---|---|---|---|---|---|
| 1 | 41 | 5 | 1400 | 1 | 0 |
| 2 | 124 | 10 | 1500 | 2 | 3 |
| 3 | 207 | 15 | 1600 | 3 | 6 |
| 4 | 290 | 20 | 1700 | 4 | 9 |

各因素对体积密度影响大小排序为：温度＞黏结剂添加量＞烧结时间＞物料含水率＞成型压力（表 4.2，图 4.3）。为了更好地提高性能，针对以上各因素展开了单因素实验，以体积密度和显气孔率为关键指标进行评价。

表 4.2　正交实验结果[99]

| 编号 | 成型压力（MPa） | 含水率（%） | 烧结温度（℃） | 烧结时间（h） | 黏结剂添加量（%） | 实验结果（g/cm³） |
|---|---|---|---|---|---|---|
| 1 | 41 | 5 | 1400 | 1 | 0 | 1.92 |
| 2 | 41 | 10 | 1500 | 2 | 3 | 2.18 |
| 3 | 41 | 15 | 1600 | 3 | 6 | 2.54 |
| 4 | 41 | 20 | 1700 | 4 | 9 | 2.54 |
| 5 | 124 | 5 | 1500 | 3 | 9 | 2.06 |
| 6 | 124 | 10 | 1400 | 4 | 6 | 1.85 |
| 7 | 124 | 15 | 1700 | 1 | 3 | 2.65 |
| 8 | 124 | 20 | 1600 | 2 | 0 | 2.82 |
| 9 | 207 | 5 | 1600 | 4 | 3 | 2.74 |
| 10 | 207 | 10 | 1700 | 3 | 0 | 2.41 |
| 11 | 207 | 15 | 1400 | 2 | 9 | 1.82 |
| 12 | 207 | 20 | 1500 | 1 | 6 | 2.05 |
| 13 | 290 | 5 | 1700 | 2 | 6 | 2.02 |
| 14 | 290 | 10 | 1600 | 1 | 9 | 2.44 |
| 15 | 290 | 15 | 1500 | 4 | 0 | 2.72 |
| 16 | 290 | 20 | 1400 | 3 | 3 | 2.12 |
| $K_{i,1}$ | 2.295 | 2.185 | 1.927 | 2.265 | 2.468 | |
| $K_{i,2}$ | 2.345 | 2.220 | 2.252 | 2.210 | 2.423 | |
| $K_{i,3}$ | 2.255 | 2.433 | 2.635 | 2.282 | 2.115 | |
| $K_{i,4}$ | 2.325 | 2.382 | 2.405 | 2.463 | 2.215 | |
| $R$ | 0.090 | 0.248 | 0.708 | 0.253 | 0.353 | |

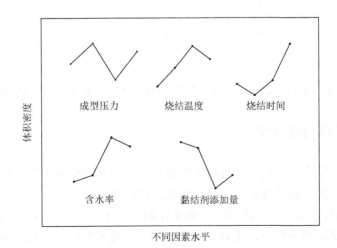

图 4.3　各因素影响趋势图[99]

### 4.1.2　黏结剂添加量条件优化

黏结剂能够促进莫来石晶粒间结合，促进其生长，但在烧结过程中，黏结剂氧化分解为气体导致其内部产生气孔降低其体积密度。结合前期正交实验结果及实际情况，成型过程采用液压半干法成型技术，以淀粉为添加剂，在成型压力为 124 MPa、物料含水率为 10%、温度为 1600℃、烧结时间为 2 h 的条件下，考察了不同淀粉含量对莫来石体积密度和显气孔率的影响。随着淀粉含量增加，莫来石基复合材料体积密度由 2.73 g/cm³ 降至 2.39 g/cm³，显气孔率由 11.63% 升至 23.04%（图 4.4）。当无淀粉添加时，莫来石生长主要依靠晶粒间相互作用结合，形成稳定空间骨架，故颗粒孔道较为致密，促进其体积密度大幅提高；但物料自身所含水分仍会导致其体积密度降低，提高其显气孔率。淀粉含量增加促进了晶粒间相互作用，但在高温下淀粉会氧化分解生成气体，导致材料内部产生较多空隙，体积密度降低，增加显气孔率。因此应避免淀粉等黏结剂的加入。

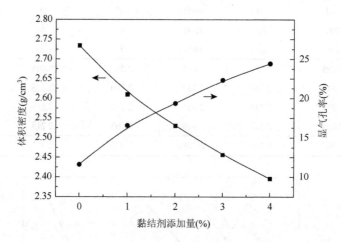

图 4.4　黏结剂添加量对莫来石基复合材料体积密度和显气孔率的影响[99]

### 4.1.3　成型压力条件优化

莫来石基复合材料烧结过程属于固相反应，原料的致密程度对材料性能具有一定影响。通过压制使原料致密化可促进晶粒间的相互作用，从而加快烧结过程中的莫来石化，提高材料体积密度。在无添加剂、含水率为 10%、温度为 1600℃、烧结时间为 2 h 的条件下，考察不同成型压力对莫来石基复合材料体积密度和显气孔率的影响（图 4.5）。

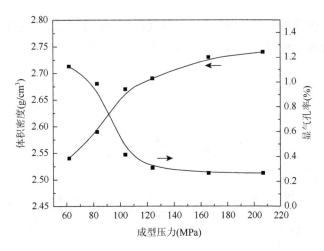

图 4.5　成型压力对莫来石基复合材料体积密度和显气孔率的影响[99]

随着成型压力增加，莫来石基复合材料体积密度由 2.54 g/cm³ 升至 2.74 g/cm³，显气孔率由 1.28% 降至 0.27%（图 4.5）。成型压力的增加促进了脱硅粉煤灰在压制过程中致密化，降低了其孔隙率和含水率；在烧结过程中，成型压力促进了莫来石晶粒间相互作用，形成莫来石棒状结构和稳定空间骨架，提高其体积密度并降低显气孔率。当成型压力达到 168 MPa 时，此时颗粒致密程度不再随压力增加而增加，材料体积密度从 2.73 g/cm³ 增至 2.74 g/cm³，显气孔率则保持在 0.27% 左右，性能指标变化较小。

## 4.1.4　含水率条件优化

在脱硅粉煤灰压制过程中，添加水分可促进粉料间相互结合，利于成型，避免压制过程材料粉化。在添加剂为 0、成型压力为 124 MPa、温度为 1600℃、烧结时间为 2 h 的条件下，考察物料含水率对莫来石基复合材料体积密度和显气孔率的影响。

随着物料含水率增加，莫来石基复合材料体积密度先增加后降低，显气孔率先降低后升高。当含水率由 0 增至 8% 时，其体积密度由 2.91 g/cm³ 升至 2.93 g/cm³，显气孔率由 0.39% 降至 0.29%，物料含水率增加促进了颗粒间黏结作用，提高了成型过程中物料致密性；而当含水率由 8% 增至 16% 时，其体积密度由 2.93 g/cm³ 降至 2.91 g/cm³，显气孔率由 0.29% 升至 0.39%（图 4.6）。这主要是因为物料含水率过高，烧结过程水分蒸发严重，材料内部产生大量气孔，导致其体积密度降低和显气孔率增加；另一方面，含水率过高也会影响粉料成型过程。从整体来看，物料含水率对莫来石基复合材料的体积密度和显气孔率影响不大，不同含水率条件下材料体积密度均大于 2.91 g/cm$^3$，显气孔率均低于 0.4%。为在促进材料成型同时避免大量水分对材料品质造成影响，物料含水率应控制在 8%。

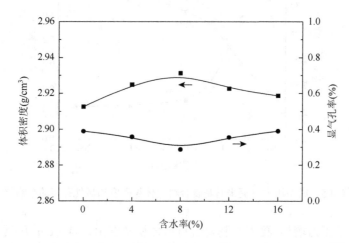

图 4.6　含水率对莫来石基复合材料体积密度和显气孔率的影响[99]

## 4.1.5　烧结温度条件优化

　　温度是影响莫来石基复合材料性能的最关键因素。反应温度过低不利于莫来石晶粒聚合生长，过高则会影响材料性能，且使能耗大幅增加。烧结温度与原料组成有较大关系，但一般不超过 1700℃。在添加剂为 0、成型压力为 124 MPa、含水率为 10%、烧结时间为 2 h 的条件下，考察烧结温度对莫来石基复合材料体积密度和显气孔率的影响。

　　随着温度升高，莫来石基复合材料体积密度逐渐增加，显气孔率逐渐降低。当温度由 1250℃升至 1650℃时，其体积密度由 2.36 g/cm$^3$ 增至 2.94 g/cm$^3$，显气孔率由 22.90%降至 0.46%。随着温度升高，莫来石晶粒加剧生长，颗粒表面及孔道内部形成致密结构，体积密度升高。当温度由 1650℃升至 1700℃时，棒状莫来石不再发生聚合生长，结构保持稳定，体积密度维持在 2.94 g/cm$^3$，显气孔率维持在约 0.5%（图 4.7）。因此，温度应控制在 1650℃。

　　图 4.8 为不同温度下烧结得到莫来石基复合材料的 X 射线衍射谱图，在 1250℃下，其主要矿相为莫来石相，但强度较低且含有少量刚玉相；随着温度升高，整体矿相结构未发生变化，但莫来石相衍射强度增加，说明莫来石晶粒逐渐生长；当温度达到 1650℃时，莫来石化完全，衍射峰强最大。

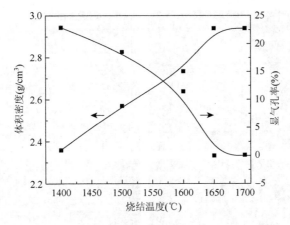

图 4.7　烧结温度对莫来石基复合材料体积密度和显气孔率的影响[99]

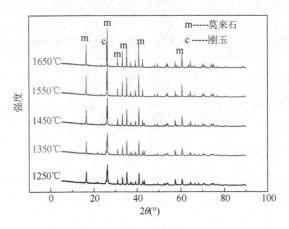

图 4.8　不同温度下莫来石基复合材料 XRD 谱图[99]

图 4.9 为不同温度下莫来石基复合材料形貌变化，随着温度提升，莫来石晶粒逐渐长大；当温度提升至 1450℃时，莫来石晶粒逐渐生长为棒状结构；当温度提升至 1650℃时，莫来石晶粒完全生长为较大长径比的莫来石晶体，表明此时材料莫来石化程度完全。

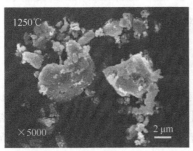

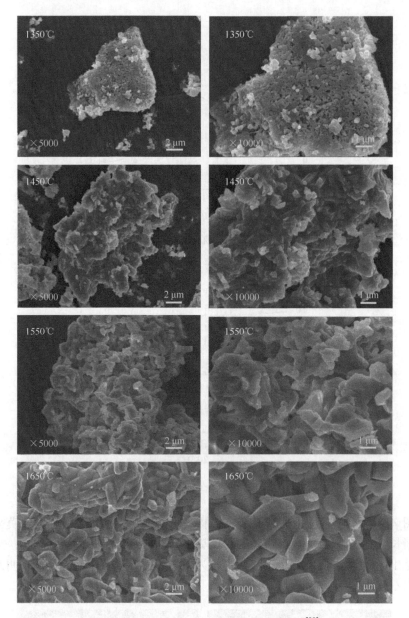

图 4.9　不同温度下莫来石基复合材料形貌[99]

## 4.1.6　烧结恒温时间条件优化

烧结恒温时间是影响莫来石基复合材料烧结过程的关键因素。一般认为，延长烧结恒温时间有利于烧结过程中晶体生长。为提高材料性能和降低烧结过程能耗，确定适宜烧结时间具有重要意义。在添加剂为 0、成型压力为 124 MPa、含水率为 10%、温度为 1650℃的条件下，考察烧结恒温时间对莫来石基复合材料体积密度和显气孔率的影响。

随着烧结时间增加，材料体积密度逐渐增加，显气孔率逐渐降低。当烧结时间由 1 h 增至 3 h 时，其体积密度由 2.75 g/cm³ 升至 2.87 g/cm³，显气孔率由 10.78% 降至 0.49%。随着烧结时间增加，莫来石晶粒逐渐聚合生长，形成致密空间骨架结构，体积密度增加（图 4.10）。当烧结时间由 3 h 增至 4 h 时，材料几乎完全莫来石化，此时体积密度保持在 2.87 g/cm³，其显气孔率维持在 0.5%左右。

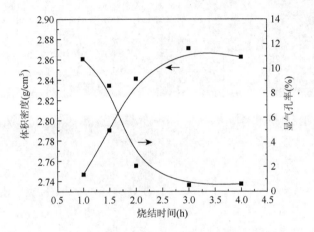

图 4.10　烧结时间对莫来石基复合材料体积密度和显气孔率的影响[99]

图 4.11 为不同烧结时间下烧结得到的莫来石基复合材料的 X 射线衍射谱图。在 1650℃下，莫来石衍射峰强度随烧结时间变化较小；当烧结时间为 2 h 时，莫来石衍射峰强度略高，说明此时莫来石晶粒生长完全。

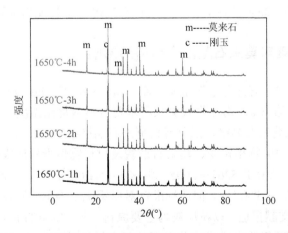

图 4.11　不同烧结时间下莫来石基复合材料 XRD 谱图[99]

　　图 4.12 为不同烧结时间下莫来石基复合材料的形貌变化。随烧结时间增加，莫来石晶体逐渐生长。当烧结时间为 1 h 时，棒状莫来石呈现熔融状态，晶体结构生长不够完善；当烧结时间延长至 2 h 时，莫来石晶粒生长为较大长径比、空间骨架较为完整的晶体；当延长反应时间至 4 h 时，莫来石化基本完全，结构发生收缩。因此，烧结时间应控制在 2～3 h。

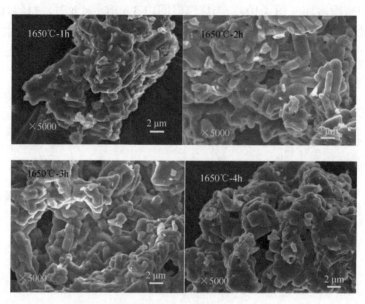

图 4.12　不同烧结时间下莫来石基复合材料的形貌[99]

　　综上所述，在含水率为 8%、无添加剂、成型压力为 168 MPa、温度为 1650℃、烧结时间为 2～3 h 的条件下，制备得到的莫来石基复合材料氧化铝含量高于 70%、体积密度最高可达 2.94 g/cm³、显气孔率在 0.5%以下，性能指标均满足国标要求。

### 4.1.7　杂质元素对莫来石基复合材料的影响

　　高铝粉煤灰中含有部分金属杂质（K、Ca、Na、Ti、Fe 等）。碱金属元素 K、Na，碱土金属元素 Ca，均可降低莫来石基复合材料烧结温度；而过渡金属元素 Ti、Fe 则可进入莫来石晶格，部分替代莫来石晶格中的 Al 原子。但过量杂质会对材料烧结过程中的物相转变、莫来石形貌及材料物性指标造成较大影响。烧结莫来石行业标准（YB/T 5267—2005）将 $K_2O+Na_2O$、$Fe_2O_3$、$TiO_2$ 的含量分别限制在 2.5%、1.5%、3.5%以内，但该标准针对以铝矾土为主要原料制备莫来石材料过程。根据相关文献报道，以粉煤灰为主要原料，含一定量的 $K_2O$（2.8%）、$Fe_2O_3$（8.27%）等杂质，仍能合成优质莫来石基复合材料[134-137]。因此，有必要对相关杂质元素在粉煤灰烧结莫来石基复合材料过程中的作用效果进行系统研究，明晰其作用机制，以进一步推动粉煤灰在莫来石耐火材料或陶瓷材料领域的应用。

1. 杂质对烧结莫来石基复合材料物性的影响

吸水率 $W_a$ 是衡量陶瓷结构特征的重要指标，明确不同条件下吸水率的变化趋势，对控制陶瓷材料相关性能具有重要意义。体积密度 $D_b$ 是衡量材料致密性的重要参数，通过考察烧结材料在不同条件下体积密度的变化趋势，可初步判断莫来石化程度。因此，以吸水率和体积密度为主要的物性考察指标，研究了不同杂质及其添加量、不同烧结温度（$T$）对材料物相的影响规律。

随烧结温度升高，吸水率总体上呈现先下降后稳定的趋势，说明随烧结温度升高，原料中非晶态物质逐渐熔融，材料表观孔隙率越来越低；而体积密度随着温度升高而增加，在高温下略微下降。说明随着温度升高材料越来越致密，其莫来石化越来越完全；而高温下体积密度回落，则是由于过量杂质造成莫来石分解，导致大量空隙生成（图 4.13 至图 4.22）[138]。

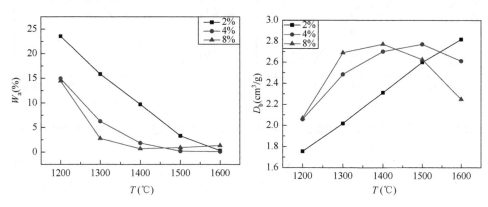

图 4.13 不同 $K_2O$ 添加量对吸水率的影响　　图 4.14 不同 $K_2O$ 添加量对体积密度的影响

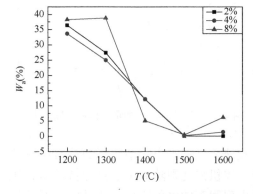
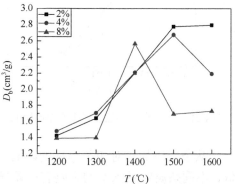

图 4.15 不同 CaO 添加量对吸水率的影响　　图 4.16 不同 CaO 添加量对体积密度的影响

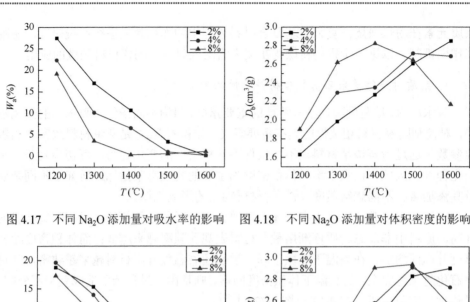

图 4.17　不同 Na₂O 添加量对吸水率的影响　图 4.18　不同 Na₂O 添加量对体积密度的影响

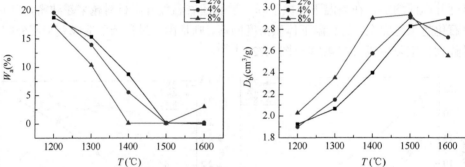

图 4.19　不同 Fe₂O₃ 添加量对吸水率的影响　图 4.20　不同 Fe₂O₃ 添加量对体积密度的影响

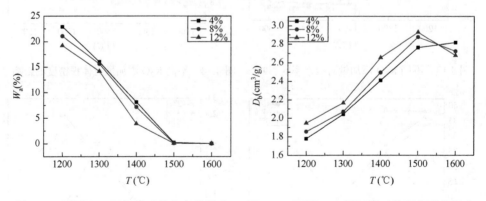

图 4.21　不同 TiO₂ 添加量对吸水率的影响　图 4.22　不同 TiO₂ 添加量对体积密度的影响

　　从杂质添加量对相关指标的影响程度来看，吸水率随杂质添加量增加而降低，不同杂质对吸水率的影响有所差异；体积密度则随着杂质添加量增加而升高，但根据所添加杂质不同，体积密度出现回落的区间不同。通过比较不同杂质作用效果可见，过渡金属氧化物 $Fe_2O_3$、$TiO_2$ 添加量对物性指标影响最小。这是由于在高温条件下，过渡金属离子可进入莫来石晶格中，实现其与 Al 离子的等摩尔替换。不同离子在莫来石骨架中最大掺杂量主要取决于实验条件、金属离子半径及其氧化态形式[139, 140]。$Fe_2O_3$ 对烧结莫来石基复合材料影响较 $TiO_2$ 明显，当 $Fe_2O_3$ 添加量达到 8%时，试样在 1400℃时吸水率接近于零；当温度升高至 1600℃时，样品熔融崩塌且吸水率上升。而 $TiO_2$ 添加量对物性的影响几乎可以忽略，仅其添加量达到 8%、温度达到 1600℃时，试样体积密度有所下降。

碱土金属氧化物 CaO 对相关物性影响最为明显，较低温度下试样吸水率可达 36.42%，远高于其他试样；其最大体积密度仅为 2.79 g/cm³，低于其他元素在最优条件下体积密度最大值（$K_2O$、$Na_2O$、$Fe_2O_3$、$TiO_2$ 分别为 2.82 g/cm³、2.85 g/cm³、2.90 g/cm³、2.87 g/cm³）。这说明 CaO 不利于烧结过程中材料致密化及莫来石化。当 CaO 添加量为 8%时，试样出现严重崩塌，吸水率和体积密度变化范围较大。

碱金属氧化物 $K_2O$、$Na_2O$ 添加量对相关物性影响较为明显，当添加量较低（2%）时，随烧结温度升高，试样吸水率下降，体积密度上升，说明此添加量对莫来石基复合材料表观空隙及致密化影响较小；当含量达到 4% 时，吸水率下降明显，在 1400℃时即达到最小值，同时体积密度也达到最大值。说明在低温下，$K_2O$、$Na_2O$ 有助于实现试样致密化，对莫来石基复合材料烧结性能改善有重要作用。同时，过量碱金属氧化物不利于烧结材料莫来石化。

### 2. 杂质对烧结莫来石基复合材料物相的影响

与脱硅粉煤灰在不添加任何杂质下的烧结情况类似，低温时材料中物相主要为莫来石相，还含有一定量的刚玉和方石英。不同的是，在 1200℃及更低温度时，碱金属氧化物的存在会导致部分莫来石小晶种分解生成硅酸盐相和 α-$Al_2O_3$，其反应过程如式（4.1）所示[141]：

$$3Al_2O_3 \cdot 2SiO_2(莫来石) + R_2O \longrightarrow R_2O \cdot Al_2O_3 \cdot 1/2SiO_2 + \alpha\text{-}Al_2O_3 \quad (4.1)$$

碱土金属氧化物 CaO 在较低温度下对莫来石亦有较强分解作用，通常在 1100℃下即反应生成钙长石，如式（4.2）所示：

$$3Al_2O_3 \cdot 2SiO_2(莫来石) + CaO \longrightarrow CaO \cdot 2Al_2O_3 \cdot 2SiO_2 + \alpha\text{-}Al_2O_3 \quad (4.2)$$

而随着温度升高，硅酸盐相熔融进入非晶态玻璃相，导致在 1300℃以上钠长石或钙长石消失。另一方面，α-$Al_2O_3$ 则随着温度升高与方石英反应二次生成莫来石。当温度升至 1400℃时，物相主要为莫来石相，且试样莫来石化逐渐完全。而在1600℃时，随杂质添加量增大开始出现刚玉相，表明在高温高杂质添加量条件下，莫来石相大量分解。

### 3. 杂质对复合材料莫来石含量及抗压强度的影响

研究了添加不同杂质对复合材料莫来石含量及抗压强度（$P$）的影响。随着杂质添加量增加，莫来石相含量明显下降，当添加量最小时，莫来石含量最高。无杂质添加时烧结所得试样中莫来石相含量可达88%，而添加杂质之后各试样中莫来石相含量相对较低。添加2% $K_2O$、2% $CaO$、2% $Na_2O$、2% $Fe_2O_3$、4% $TiO_2$烧结试样莫来石相含量最大值分别为50.19%、60.81%、79.09%、65.19%和69.88%，表明杂质元素不利于试样莫来石化过程，在材料制备过程中应严格控制原料杂质含量（图4.23至图4.32）[138]。

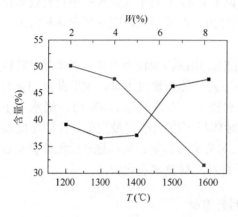

图4.23　添加 $K_2O$ 对莫来石含量的影响

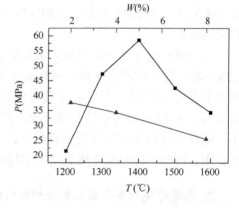

图4.24　添加 $K_2O$ 对抗压强度的影响

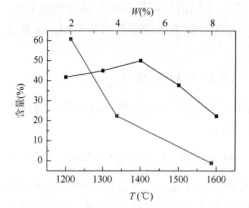

图4.25　添加 $CaO$ 对莫来石含量的影响

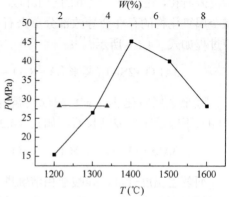

图4.26　添加 $CaO$ 对抗压强度的影响

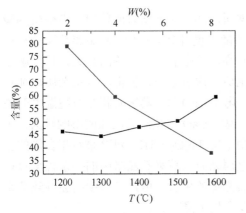

图 4.27　添加 $Na_2O$ 对莫来石含量的影响

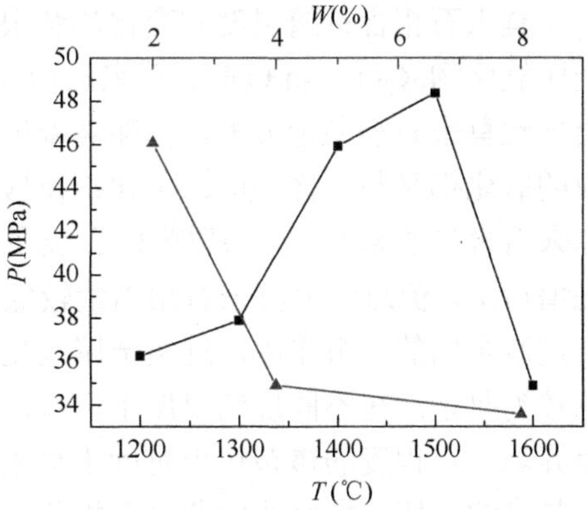

图 4.28　添加 $Na_2O$ 对抗压强度的影响

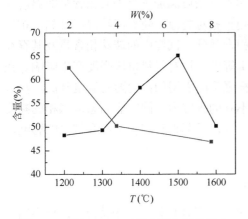

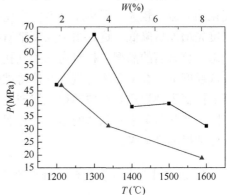

图 4.29　添加 $Fe_2O_3$ 对莫来石含量的影响

图 4.30　添加 $Fe_2O_3$ 对抗压强度的影响

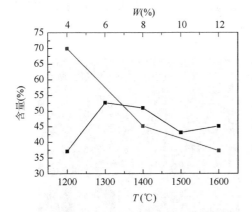

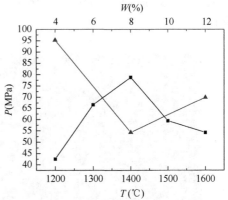

图 4.31　添加 $TiO_2$ 对莫来石含量的影响

图 4.32　添加 $TiO_2$ 对抗压强度的影响

莫来石相含量随温度的变化趋势根据所添加杂质元素有所差异，当杂质为碱金属氧化物 $K_2O$、$Na_2O$ 时，莫来石相含量随温度升高而增加。碱金属杂质的存在会导致莫来石小晶种分解，但随着温度升高，莫来石小晶种逐渐长大，且分解生成的氧化铝又与试样中的二氧化硅反应生成二次莫来石，抵消了少量杂质添加对莫来石含量的影响。当杂质为碱土金属氧化物 CaO 时，莫来石相含量随温度升高先增后降，但总体上莫来石相含量较低，说明 CaO 对莫来石晶体的影响较大。由于过渡金属的掺杂作用，过渡金属氧化物杂质 $Fe_2O_3$、$TiO_2$ 对莫来石相含量的影响较为复杂：在不同烧结温度下，过渡金属杂质在莫来石晶格中的掺杂程度存在差异。一定程度的掺杂作用有助于莫来石晶体的生长，但过量掺杂则会导致莫来石晶格的破坏，最终造成莫来石相分解及含量下降。

材料中莫来石相含量对莫来石基复合材料抗压强度有很大影响，莫来石相含量越高，其抗压强度越大[142]。然而，虽然不同杂质添加下莫来石相含量随温度的变化趋势差异较大，但抗压强度的变化趋势相对类似。随着烧结温度升高，抗压强度先增加后降低。这是由于除莫来石相含量外，试样中的玻璃相含量及其存在形态、莫来石的晶型、材料内部的气孔率等因素均对材料抗压强度产生影响。在较低温度下，莫来石相含量提升使得试样强度随之增加；而随着温度升高，莫来石的低膨胀性导致其与玻璃相之间产生不利的张应力，同时非晶态玻璃相的黏度下降，使其与莫来石晶体的结合力减弱，抵消了莫来石相含量提升带来的影响，导致试样强度下降。

### 4. 杂质对莫来石基复合材料形貌的影响

图 4.33 为不同杂质及含量条件下莫来石基复合材料的形貌特点。结合不同杂质添加对应的 XRD 谱图可知，除添加大量 $TiO_2$ 在高温下部分生成稳定的金红石型晶体外，其余试样在 1500℃、1600℃高温烧结后主要以莫来石和刚玉相的晶型存在。

(1) 1500℃-4% $K_2O$

(2) 1600℃-4% $K_2O$

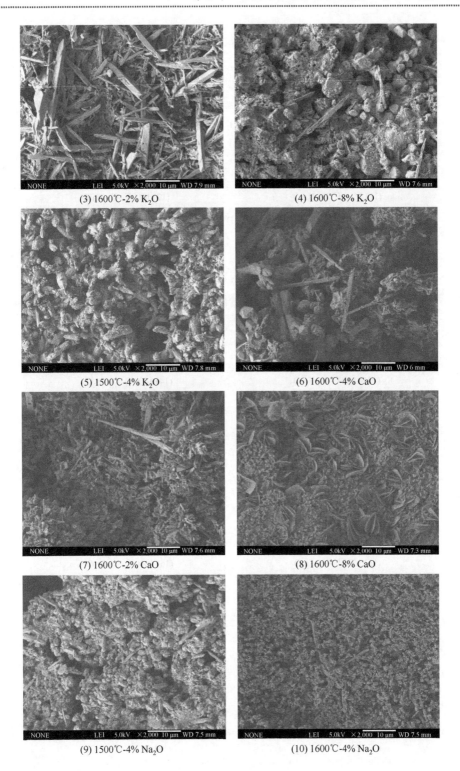

(3) 1600℃-2% K$_2$O

(4) 1600℃-8% K$_2$O

(5) 1500℃-4% K$_2$O

(6) 1600℃-4% CaO

(7) 1600℃-2% CaO

(8) 1600℃-8% CaO

(9) 1500℃-4% Na$_2$O

(10) 1600℃-4% Na$_2$O

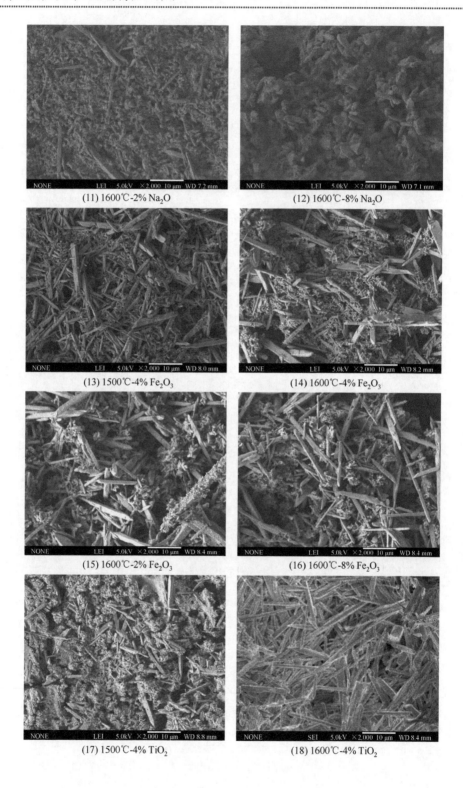

(11) 1600℃-2% Na$_2$O

(12) 1600℃-8% Na$_2$O

(13) 1500℃-4% Fe$_2$O$_3$

(14) 1600℃-4% Fe$_2$O$_3$

(15) 1600℃-2% Fe$_2$O$_3$

(16) 1600℃-8% Fe$_2$O$_3$

(17) 1500℃-4% TiO$_2$

(18) 1600℃-4% TiO$_2$

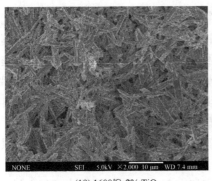

(19) 1600℃-2% TiO₂ の部分 | (20) 1600℃-8% TiO₂

図 4.33　不同杂质及其添加量下莫来石基复合材料断面的 SEM 图像[138]

当杂质 $K_2O$ 添加量为 4%时，在 1500℃下仅存在大量短棒状莫来石和少量粒径约 3 μm 的多面体刚玉，温度升至 1600℃时才生成有少量约 10 μm 的长柱状莫来石；当添加量为 2%时，在 1600℃下，存在大量形貌完整的棒状莫来石；当添加量为 8%时，仅存在极少量柱状莫来石和大量多面体刚玉。上述情况表明，随着 $K_2O$ 添加量增加，棒状莫来石逐渐被分解生成刚玉相。

当杂质 CaO 添加量为 4%时，在 1500℃下，得到大量 5 μm 左右的纺锤状钙长石相，且表面黏附有大量的莫来石小晶粒；温度升至 1600℃时，钙长石相基本消失，出现少量棒状莫来石和大量莫来石小晶粒。当杂质 CaO 添加量降至 2%时，在 1600℃下出现大量短棒状莫来石相；而当杂质 CaO 添加量增至 8%时，出现了大量花瓣状的刚玉相。

当杂质 $Na_2O$ 添加量为 2%～4%时，可观察到大量莫来石小晶粒和少量长柱状莫来石；当杂质 $Na_2O$ 添加量为 8%时，出现大量扁桃状和立方型晶体。立方型晶体与添加 $K_2O$ 杂质时出现的刚玉相形貌一致，而扁桃状晶体则由大量莫来石小晶粒聚集而成。

当添加过渡金属氧化物 $Fe_2O_3$、$TiO_2$ 杂质时，随烧结温度升高或杂质含量增加，长柱状莫来石的含量逐渐增加，表明 $Fe_2O_3$、$TiO_2$ 的存在有利于长柱状莫来石生成。且随着添加量增加，柱状莫来石长径比增大，这主要因为过渡金属原子更容易进入平行于 $c$ 轴的$[AlO_6]$八面体中代替 Al 原子，使得 $b$ 轴较 $a$ 轴具有更大的线性膨胀系数[143]。

## 4.2　脱硅粉煤灰制备莫来石-堇青石复合材料

堇青石-莫来石复合材料既保留了莫来石高温稳定性好、机械强度高的特点，又吸收了堇青石热膨胀系数小、热震稳定性好等特点，应用较为广泛[144]。目前，一般采用原生矿物或工业废弃物与原生矿物混合物通过配料—成型—烧结工艺制备董青石-莫来石复合材料[145]。高铝粉煤灰中铝硅元素含量高，可作为董青石-莫来石复合材料的重要原料，但其较低的铝硅比和较高的杂质含量是影响高铝粉煤灰制备铝硅材料的关键[79,146,147]。借鉴高铝粉煤灰制备莫来石的预处理方法，以高铝粉煤灰为单一原料，通过酸处理过程大幅降低其中杂质，通过碱处理过程提高原料铝硅比[148,149]。以酸处理高铝粉煤灰、酸处理-碱脱硅高铝粉煤灰和滑石粉为原料，合成出莫来石-董青石复合材料（图4.34）。考察一步原位高温相转化制备过程中原料配比、烧成时间和烧成温度对合成的董青石-莫来石材料的体积密度、显气孔率、常温抗折强度和矿相结构的影响，得到满足国家标准要求的董青石-莫来石复合材料。

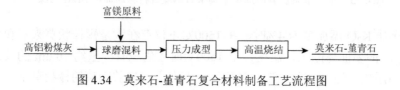

图4.34    莫来石-董青石复合材料制备工艺流程图

## 4.2.1    原料配比优化

烧结温度为1370℃、烧成时间为2 h时，考察原料配比对烧成样品的体积密度、显气孔率和常温抗折强度的影响。随着董青石与莫来石理论质量比的增加，烧成样品的体积密度从 2.25 g/cm³ 下降到 1.81 g/cm³；显气孔率呈上升趋势，从27.94%上升到32.13%；常温抗折强度从 76.03 MPa 下降到 48.91 MPa（图4.35、图4.36）。在烧结温度为1370℃、烧成时间为2 h时，研究原料配比对烧成样品矿

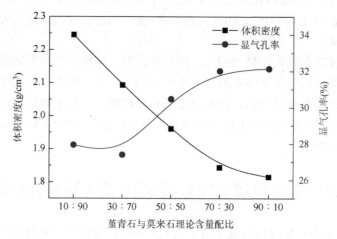

图4.35    原料配比对烧成样品的体积密度和显气孔率的影响[93]

相组成的影响。堇青石与莫来石理论质量比为 10∶90 时，烧成样品为莫来石相，没有形成堇青石晶相，推测镁主要以玻璃相形式存在；随着堇青石与莫来石理论质量比的提高，在峰宽基本不变的情况下，堇青石晶相峰的强度逐渐增大，莫来石晶相峰的强度减小；原料中堇青石与莫来石理论质量比为 90∶10 时，烧成样品的晶相为堇青石，莫来石晶相峰消失。结果表明原料中堇青石与莫来石理论质量比为 30∶70～70∶30 时，可制备出堇青石-莫来石复合材料；逐步提高原料中堇青石与莫来石理论质量比，有助于提高烧成材料中堇青石含量，降低莫来石含量（图 4.37）。

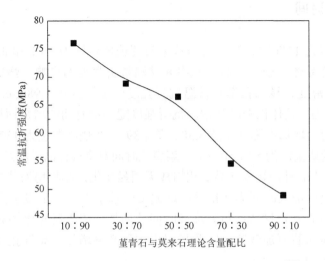

图 4.36　原料配比对烧成样品常温抗折强度的影响[93]

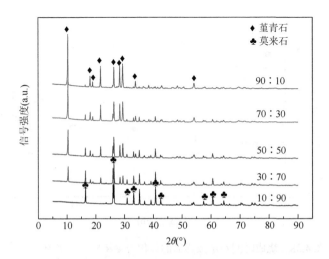

图 4.37　原料配比对烧成样品矿相组成的影响[93]

董青石材料体积密度和常温抗折强度均低于莫来石，显气孔率高于莫来石[150, 151]。随着董青石-莫来石复合材料中董青石含量的增加和莫来石含量的降低，其体积密度、显气孔率和常温抗折强度分别向董青石体积密度、显气孔率和常温抗折强度大小方向变化，即出现了体积密度减小、显气孔率增加、常温抗折强度减小的趋势。材料的矿相组成影响性质，性质又影响其用途。通过改变原料配比可灵活制备具有不同董青石和莫来石含量的复合材料，增加了产品的应用范围。

## 4.2.2 烧成时间

烧结温度为 1370℃、董青石与莫来石理论质量比为 50：50 时，考察烧成时间对烧成样品体积密度、显气孔率和常温抗折强度的影响。烧成时间为 1～4 h 时，体积密度、显气孔率和常温抗折强度分别维持在 1.98 g/cm³、32.00%、65.00 MPa 左右，且体积密度和常温抗折强度随烧成时间的增加而增大，显气孔率随烧成时间的增加而降低（图 4.38、图 4.39）。在烧结温度为 1370℃、董青石与莫来石理论质量比为 50：50 时，考察烧成时间对烧成样品矿相组成的影响。烧成时间为 1～4 h 时，烧成样品矿相组成无明显变化，晶相均为董青石和莫来石（图 4.40）。说明烧成时间为 1 h 时，烧成反应基本完成，生成了晶相组成为董青石和莫来石的复合材料；随着烧成时间的增加，烧成反应更加充分，董青石和莫来石晶体间隙更加致密，因此呈现出体积密度增加、显气孔率减小、抗折强度增加的趋势。

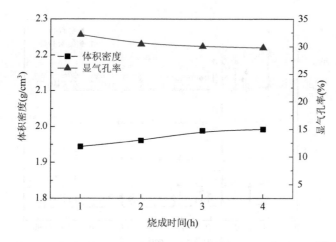

图 4.38　烧成时间对烧成样品的体积密度和显气孔率的影响[93]

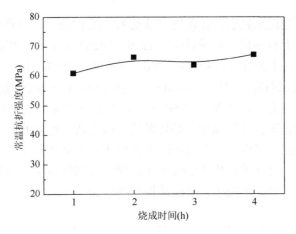

图 4.39 烧成时间对烧成样品常温抗折强度的影响[93]

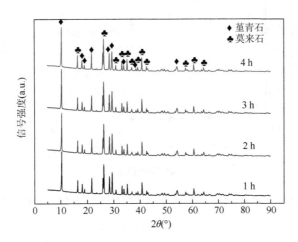

图 4.40 烧成时间对烧成样品矿相的影响[93]

## 4.2.3 烧成温度

烧成时间为 2 h、堇青石与莫来石理论质量比为 50∶50 时，考察烧成温度对烧成样品的体积密度、显气孔率和常温抗折强度的影响。烧成温度从 1170℃升高到 1320℃时，烧成样品的体积密度和显气孔率无明显变化，分别维持在 1.90 g/cm³ 和 35.50%左右（图 4.41）；常温抗折强度从 39.84 MPa 增大到 59.31 MPa。烧成温度超过 1320℃时，指标发生明显变化，当烧成温度达到 1420℃时，体积密度增大到 2.62 g/cm³，显气孔率减小到 0.21%，常温抗折强度增大到 119.34 MPa（图 4.42）。烧成温度为 1170℃和 1220℃时，烧成样品的晶相为堇青石、莫来石和少量的氧化铝。随着烧成温度的升高，烧成样品中堇青石晶体峰强度逐渐增强，氧化铝晶体峰强度逐渐减弱，并在烧成温度 1270℃时消失，说明提高烧成温度可促进氧化铝向堇青石转化。烧成温度为 1270～1420℃时，烧成样品中仅含有堇青石和莫来石晶体，且 XRD 谱图无明显变化，说明此时生成了仅含堇青石和莫来石晶体的堇青石-莫来石复合材料（图 4.43）。烧结温度为 1370℃、烧成时间为 2 h、堇青石与莫来石理论质量比为 50∶50 时，1370℃下生成的堇青石-莫来石复合材料主要含有棒状、短柱状的晶体，晶体颗粒之间掺杂一定量的玻璃相（图 4.44）。烧成温度的提高促进了烧成过程固-固反应的进行，有利于堇青石晶体和莫来石晶体的生成和长大，使晶体结构更加致密化，因此提高烧成温度会导致烧成样品的体积密度增大，显气孔率减小，常温抗折强度增大。

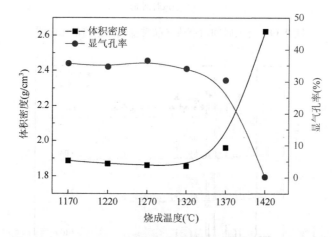

图 4.41　烧成温度对烧成样品的体积密度和显气孔率的影响[93]

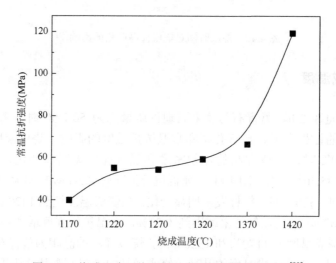

图 4.42　烧成温度对烧成样品常温抗折强度的影响[93]

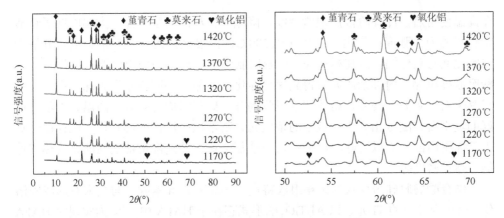

图 4.43  烧成温度对烧成样品矿相的影响[93]

图 4.44  烧成样品的微观形貌[93]

经过上述条件优化，确定了烧成温度 1370℃、烧成时间 2 h、董青石和莫来石理论配比为 50：50 的烧结制度，在此条件下制备的董青石-莫来石复合材料的体积密度为 1.96 g/cm³、显气孔率为 30.47%，常温抗折强度为 66.44 MPa，性能指标值满足 YB/T 4549—2016《董青石-莫来石窑具》中对董青石-莫来石窑具标准的要求[152-154]。

## 4.3  脱硅粉煤灰制备莫来石-钛酸铝复合材料

钛酸铝是一种具有低热膨胀系数、高熔点、低导热率、较好的抗热震性能与抗腐蚀性能的优质材料[155, 156]，可以在 1400℃长期使用，目前主要应用于抗高温热震与承载载荷较低的部件使用[157]。但在钛酸铝材料制备过程中须解决两个关键问题：①由于钛酸铝晶体结构在三个晶轴方向的热膨胀系数差异较大，致使材料在高温使用后，冷却阶段出现微裂纹，降低了材料的力学性能，大幅降低了钛酸铝材料的力学强度；②由于在 900～1280℃的温度区间内，钛酸铝会重新分解为二氧化钛与氧化铝，致使材料失去低热膨胀性能，材料的使用性能大幅降低[158]。酸磨脱硅粉煤灰内部杂质元素得到深度净化，非晶态铝硅酸盐得到深度剥离，针状莫来石得到充分暴露，粉体塑性得到提升，矿相组成主要以耐高温、力学性能好的莫来石与刚玉相为主。残留的杂质元素基本以固溶体的形式稳定地存在于莫来石晶格内部，难以脱除，影响莫来石基复合材料的高温抗蠕变性能、抗热震性能、体积密度等。

结合酸磨脱硅粉煤灰的矿相组成特点，一部分 Ti 元素除了与莫来石形成固溶体，另一少部分的 Ti 元素以 $Al_2TiO_5$ 的形式存在于 HAFA 中[159]。为实现对 HAFA 的高值化应用，通过掺加钛酸铝，定向引导 HAFA 中 Ti 重构形成莫来石-钛酸铝复合材料（图 4.45）。通过向脱硅粉体中掺加钛酸铝，在提升 HAFA 附加值的同时，解决了钛酸铝材料应用过程中的关键问题。考察烧结温度与脱硅粉煤灰掺量对复合材料性能的影响规律，并通过长周期稳定性实验，验证所合成的复合材料的稳定性。借助 TEM-EDS、高温共聚焦显微镜等手段揭示复合材料合成过程机理。

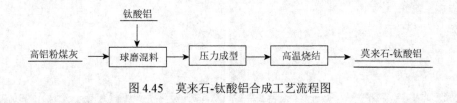

图 4.45　莫来石-钛酸铝合成工艺流程图

## 4.3.1　工艺条件优化

### 1. 反应温度与脱硅粉煤灰掺量对复合材料结构性能的影响

为验证脱硅粉煤灰的掺量对复合材料性能的影响，按照质量分数为 10%、20%、30%、40%、50%的条件称取钛酸铝，将其与酸磨脱硅灰进行球磨混料，经压制成型，在不同温度条件下进行烧结，验证其掺量与烧结温度对于材料结构性能的影响。

随着烧结温度的增加，复合材料的线收缩率呈现出先增加后降低的趋势，对应的材料的体积密度变化与材料的线收缩率变化相似。其主要原因是：①钛酸铝的生成量随着温度的升高而增加，温度的提升有利于促进钛酸铝晶粒尺寸的增加，随着钛酸铝的逐渐生成，将产生 11%左右的摩尔体积增加；②由于脱硅粉煤灰在高温条件下将发生二次莫来石化反应，该过程也伴随着体积的膨胀。因此，当烧结温度过高时，复合材料的线收缩率逐渐降低，体积密度逐渐降低（图 4.46）。

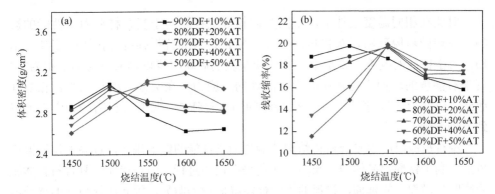

图 4.46　莫来石-钛酸铝复合材料的结构性能[160]

DF 为脱硅粉煤灰；AT 为钛酸铝；下同

考察在相同温度条件下脱硅粉煤灰掺量对于复合材料结构性能的影响。钛酸铝的体积密度理论值为 3.70 g/cm³，莫来石的体积密度理论值为 3.17 g/cm³，两者之间体积密度存在的差异，在相同的烧结温度条件下，随着脱硅粉煤灰掺量的增加，低体积密度的脱硅灰占比随之增加，对应的复合材料体积密度随之减小。

### 2. 反应温度与脱硅粉煤灰掺量对复合材料力学性能的影响

系统考察不同温度与掺量条件下复合材料的力学性能，发现随着烧结温度的增加，复合材料的抗压强度与抗折强度逐渐降低。材料的力学性能与其结构性能联系紧密。由于在升温过程中伴随着钛酸铝晶粒尺寸的增加与二次莫来石化反应的进行，复合材料的体积密度逐渐降低，材料的致密性降低，致使其内部的显气孔率逐渐增加，材料的抗压强度与抗折强度随之降低（图 4.47）。同时伴随着温度的提升，钛酸铝的晶粒尺寸随之增加，在复合材料内部产生微裂纹，致使复合材料的力学强度降低。

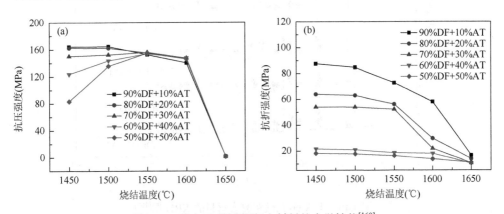

图 4.47　莫来石-钛酸铝复合材料的力学性能[160]

对比在相同温度条件下，不同脱硅粉煤灰掺量对于复合材料力学性能的影响，发现随着脱硅粉煤灰掺量的增加，复合材料的抗折强度与抗压强度随之增加。力学性能的改善主要是由于脱硅粉煤灰的矿相组成以莫来石与刚玉相为主，莫来石掺量的增加将提升钛酸铝界面处的压应力，在莫来石相与钛酸铝相之间起到"钉扎效应"，抑制钛酸铝微裂纹的拓展与延伸，使复合材料的力学性能得到大幅改善。

综合反应温度对复合材料结构性能与力学性能的影响规律，过高的烧结温度虽然有利于钛酸铝晶体的生长与二次莫来石化的进行，但是伴随着复合材料体积的膨胀与微裂纹的延伸，材料的力学性能降低较为明显，因此选择最佳的烧结温度为1500℃。并在该反应温度条件下，考察掺量对于复合材料的矿相结构与热稳定性能的影响规律。

**3. 脱硅粉煤灰掺量对于复合材料矿相转变的影响**

在确定最佳反应温度为1500℃条件下，为验证脱硅粉煤灰掺量对于复合材料矿相组成的影响，利用 XRD 对不同掺量条件下所制备的复合材料矿相组成进行分析，验证其合成的效果。在最佳合成温度条件下，复合材料的矿相组成以莫来石相、刚玉相以及钛酸铝相为主（图 4.48）。在不同掺量条件下，随着钛酸铝掺量的增加，复合材料内部钛酸铝矿相的衍射峰峰强逐步增强。

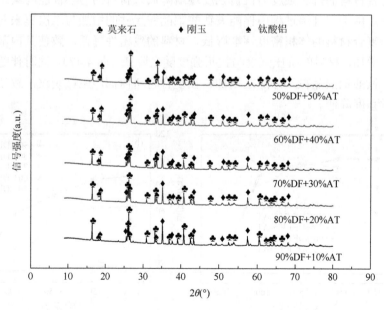

图 4.48    莫来石-钛酸铝复合材料的 XRD 图[160]

### 4. 脱硅粉煤灰掺量对复合材料热膨胀系数的影响

为验证脱硅粉煤灰掺量对于复合材料热膨胀系数的影响，对不同掺量条件下所获得的复合材料进行热膨胀系数的测定。随着脱硅粉煤灰掺量的增加，复合材料的热膨胀系数逐渐增加，其原因主要在于原料混合过程中，脱硅粉煤灰中的主要矿相以莫来石相为主，其热膨胀系数大于钛酸铝的热膨胀系数（图 4.49）。随着原料中脱硅粉煤灰占比的增加，材料的整体热膨胀系数随之增加，在脱硅粉煤灰掺量由 50%增加至 90%时，复合材料的热膨胀系数由 $5.21\times10^{-6}/℃$ 增加至 $7.02\times10^{-6}/℃$。

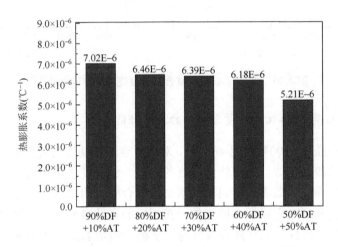

图 4.49　莫来石-钛酸铝复合材料的热膨胀系数[160]

## 4.3.2　长周期稳定性实验

研究者对钛酸铝的热分解行为进行了大量的研究工作，发现钛酸铝在 1100℃ 时的分解速率最大[161]。为验证莫来石-钛酸铝复合材料的热稳定性，将不同掺量与烧结温度条件下所制备的复合材料置于 1100℃ 的马弗炉中，在此温度条件下保温 40 h，降温后对其综合性能进行测试，验证复合材料的长周期稳定性能。

### 1. 复烧后莫来石-钛酸铝复合材料的结构性能变化

复合材料在 1100℃ 保温 40 h 后，对比复合材料初烧与复烧的结构性能，发现其随掺量与温度的变化规律相似。烧结温度的增加促进了钛酸铝的生成与二次莫来石化反应，伴随钛酸铝晶粒的长大与二次莫来石化反应带来的体积膨胀，致使复合材料的体积密度随着温度的增加而逐渐降低。同样在相同烧结温度条件下，材料的体积密度主要取决于脱硅粉煤灰与钛酸铝两相之间的掺和比例，随着脱硅粉煤灰掺量的增加，复合材料的体积密度随之降低（图4.50）。

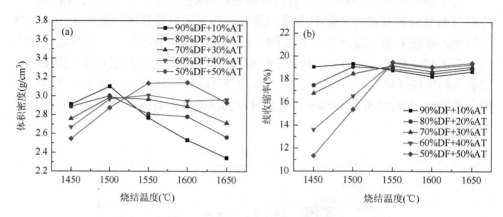

图 4.50　莫来石-钛酸铝复合材料复烧后的结构性能[160]

### 2. 复烧后莫来石-钛酸铝复合材料的力学性能变化

复合材料经过1100℃保温40 h后，对比复合材料初烧与复烧的力学性能，其整体变化趋势较为相似。随着烧结温度的增加，经过复烧后，材料的抗压强度与抗折强度逐渐降低。随着烧结温度的增加，复合材料的致密性逐渐降低，导致抗压强度与抗折强度随之降低。同样的，在相同的烧结温度下，经过复烧之后，其材料的抗压与抗折性能同样随着脱硅粉煤灰掺量的增加而增加（图4.51）。综合烧结温度对于其力学性能的影响，所制备的莫来石-钛酸铝复合材料的烧结温度不宜过高，优选的最佳烧结温度为1500℃。

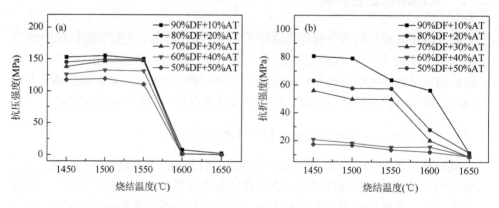

图 4.51　莫来石-钛酸铝复合材料复烧后的力学性能[160]

### 3. 复烧后莫来石-钛酸铝复合材料的矿相结构的变化

为验证莫来石-钛酸铝复合材料的稳定性，将不同掺量条件下所制备的复合材料在 1100℃下保温 40 h。利用 XRD 分析其矿相组成，通过比较复合材料中 $Al_2TiO_5$ 与 $TiO_2$ 的峰强，计算复合材料中 $Al_2TiO_5$ 的分解率。利用 Rietveld Quantification 半定量分析软件，对复合材料内部不同矿相含量进行半定量分析，获得复合材料内部不同矿相的含量，用以佐证钛酸铝分解变化的规律。

莫来石-钛酸铝复合材料在 1100℃保温 40 h 后，其内部的矿物组成以莫来石、刚玉、钛酸铝、二氧化钛为主（图 4.52）。对比初烧合成的复合材料，发现经过复烧后，复合材料内部部分 $Al_2TiO_5$ 被分解为 $TiO_2$ 与 $Al_2O_3$。对比不同掺量条件下二氧化钛的峰强，发现随着脱硅粉煤灰掺量的增加，被分解出来的二氧化钛的峰强逐渐减弱。

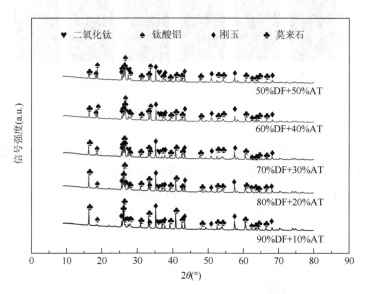

图 4.52　莫来石-钛酸铝复合材料复烧后的 XRD 图[160]

同样对复烧之后的材料利用 Rietveld Quantification 进行精修与半定量分析后，发现随着脱硅粉煤灰掺入量的增加，复烧后复合材料内部的莫来石相随之增加，钛酸铝的含量逐渐降低，这与钛酸铝在不同掺量条件下所占据的原始比例相关（图 4.53）。将复烧后的莫来石-钛酸铝复合材料进行 XRD 分析，对比合成产物中钛酸铝在（023）晶面衍射峰与金红石（101）晶面处衍射峰的峰面积，考察其分解率的变化规律，发现随着脱硅粉煤灰掺量的减少，$Al_2TiO_5$ 的分解率逐渐降低 [图 4.54（a）]。通过计算复合材料在复烧前后的 $Al_2TiO_5$ 相对含量的变化，计算

$Al_2TiO_5$ 的分解率，可以发现随着脱硅粉煤灰掺量的减少，$Al_2TiO_5$ 的分解率大体呈逐渐降低的趋势[图 4.54（b）]。

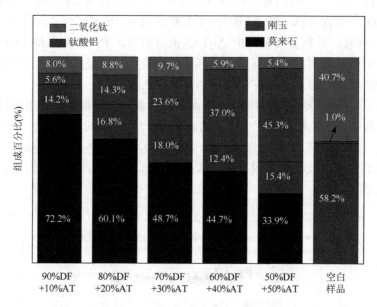

图 4.53　莫来石-钛酸铝复合材料复烧后的矿相组成[160]

同比于完全不掺加脱硅粉煤灰的 $Al_2TiO_5$ 而言，$Al_2TiO_5$ 的分解率达到 92.51%，经过复烧后，绝大部分的 $Al_2TiO_5$ 被重新分解为 $Al_2O_3$ 与 $TiO_2$。将脱硅粉煤灰作为复合相，按照 $Al_2TiO_5$ 分解前后 XRD 峰强的变化进行计算，$Al_2TiO_5$ 的分解率由 92.51% 降低至 45.46%，脱硅粉煤灰的掺入可以有效抑制 $Al_2TiO_5$ 的分解。

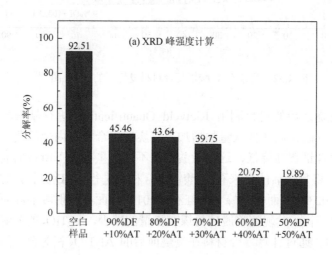

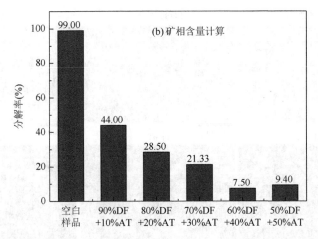

图 4.54　莫来石-钛酸铝复合材料复烧后 $Al_2TiO_5$ 的分解率变化[160]

通过对莫来石-钛酸铝复合材料的结构性能、力学性能、热膨胀性能，以及复烧之后材料的综合性能进行研判。尽管脱硅粉煤灰掺量的降低有助于钛酸铝的稳定，但由于脱硅粉煤灰掺量较低，莫来石相无法在两相界面处有效抑制钛酸铝微裂纹的拓展，致使最终所合成的复合材料力学性能较差，部分烧结样品甚至出现断裂与破损。从实现对 HAFA 的高值化利用以及钛酸铝应用过程核心问题的解决以及最终复合材料的综合性能进行综合考虑，确定在 1500℃下，掺入 90%（质量分数）的脱硅粉煤灰，烧结 3 h 后，所合成的莫来石-钛酸铝复合材料体积密度达到 3.08 g/cm$^3$，抗压强度为 164.64 MPa，抗折强度为 84.70 MPa，热膨胀系数为 $7.02 \times 10^{-6}$/℃，经过 1100℃复烧 40 h 后，钛酸铝分解率由 92.51%降低至 45.46%，所合成的复合材料综合性能表现良好。

### 4.3.3　复合材料机理研究

通过对所合成的莫来石-钛酸铝复合材料的综合性能进行比较与分析，掺加脱硅粉煤灰后其力学性能得到了大幅提升，复合材料的热稳定性能得到了有效改善。为进一步从微观角度探究脱硅粉煤灰的掺入对于复合材料性能的影响规律，采用 SEM-EDS 与 TEM-EDS 对复合材料的微观结构进行表征分析。

通过对在最佳条件下所合成的莫来石-钛酸铝复合材料进行 SEM-EDS 分析发现，所合成的复合材料内部钛酸铝相与莫来石相呈现出彼此嵌黏夹裹的状态，钛酸铝相被莫来石相割裂分离（图 4.55）。因此在复合材料应用过程中，钛酸铝微裂纹的扩展被莫来石阻断，同时利用钛酸铝与莫来石两相之间热膨胀系数的差异性，温度变化时将在两相界面处产生较大压应力，致使复合材料内部的裂纹无法进一步拓展，提升了复合材料的整体力学性能。

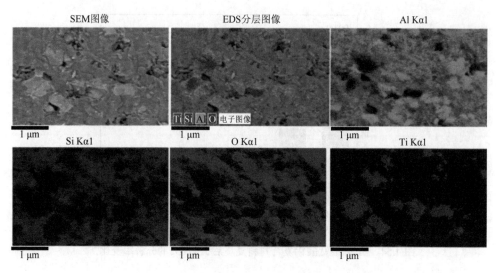

图 4.55　莫来石-钛酸铝复合材料 SEM-EDS 分析[160]

　　为进一步观察复合材料的显微结构，利用 TEM-EDS 对所合成的莫来石-钛酸铝复合材料进行分析，发现钛酸铝相与莫来石相两种矿相相互嵌黏夹裹，含量较少的钛酸铝相被莫来石相所夹裹，两相存在明显的相界面（图 4.56）。基于莫来石的高力学强度，以及钛酸铝与莫来石两相之间热膨胀系数的差异性，可以有效提升钛酸铝的力学性能。

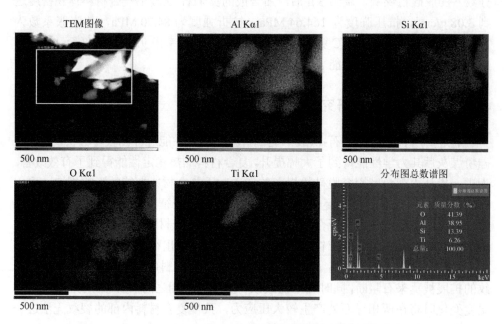

图 4.56　莫来石-钛酸铝复合材料 TEM-EDS 分析[160]

　　为进一步揭示其合成机理，利用高温共聚焦显微观察系统对复合材料合成过程进行检测分析，设置与马弗炉同样的升温制度，利用激光加热的方式，对莫来石-钛酸铝复合材料的高温烧结过程进行实时动态观察。

　　随着烧结温度的增加，材料的致密性逐渐增加，在1200℃之前，复合材料内部的形貌主要为长径较低的莫来石棒状晶体，而随着烧结温度的增加，材料中钛酸铝与莫来石接触的区域将出现部分固溶（图4.57）。酸磨脱硅灰中的矿相组成主要是以莫来石与刚玉相为主，同时钛酸铝中的钛原子具有较小的原子半径，在高温条件下，部分钛原子将固溶进入莫来石晶格内部，形成钛固溶体，与此同时脱硅粉煤灰中的硅原子也可以扩散进入钛酸铝的晶格内部，两相之间 Ti 原子与 Si 原子彼此发生置换与填隙，稳定了复合材料内部的晶格结构，致使其热稳定性能得到有效改善。通过实时动态观察，随着温度的提升，复合材料内部的裂纹与缺陷逐渐被愈合，材料逐渐致密化，佐证了脱硅粉煤灰的掺入有利于提升材料的综合性能的结论。

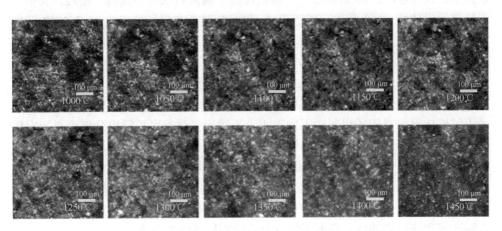

图 4.57　莫来石-钛酸铝复合材料高温共聚焦分析[160]

　　在高铝粉煤灰材料化制备过程中，粉煤灰中杂质元素、非晶态铝硅酸盐的存在将降低所制备材料的结构性能、力学性能、热稳定性能等，因此对于高铝粉煤灰元素组成与矿相结构的调控成为其材料化应用的关键。结合高铝粉煤灰内部元素赋存状态的研究，粉体内部所存在的 Fe/Ti 等杂质元素均以固溶体的形式稳定地存在于莫来石晶格内部，在实现非晶态铝硅酸盐的剥离后，便可获得优质的莫来石基粉体，可应用于莫来石基复合材料的制备。通过优化合成工艺路线与条件，通过复配不同的矿相合成出莫来石基复合材料，实现了高铝粉煤灰的高值化应用。目前，上述三种莫来石基复合材料的工艺路线较为简单，同比于粉煤灰内部有价元素的提取而言，其在技术与经济可行性方面具有一定的优势。

# 第5章

## 高铝粉煤灰铝锂镓元素协同提取技术进展

近 30 年来我国氧化铝工业得到快速发展，2020 年我国氧化铝产能已占全球的 50%以上，但国内铝土矿资源已近枯竭，铝土矿对外依存度较高。高铝粉煤灰中氧化铝含量达 40%以上，具备替代铝土矿用于氧化铝生产的资源潜力。自"十二五"以来，国内开展了大量从粉煤灰中提取氧化铝的研究工作，已提出石灰石烧结法、预脱硅-碱石灰烧结法、一步酸浸法、硫酸铵法等多条技术路线，其中一步酸浸法已建成 5000 吨/年示范工程、预脱硅-碱石灰烧结法建成 20 万吨/年示范工程。但上述工艺仍存在流程长、渣量大、能耗高、操作弹性小等问题，目前尚未实现产业化稳定运行。

高铝粉煤灰物相组成以非晶态铝硅酸盐相、莫来石相和刚玉相为主，上述矿相均可溶于碱性溶液中，但在反应动力学与热力学行为方面存在较大差别，因此采用碱性体系将高铝粉煤灰中不同矿相、不同元素进行可控浸出分离可在一定程度上降低元素提取能耗，提升高铝粉煤灰利用价值。本章提出不同矿相分质调控的研究思路，其一通过将非晶态铝硅酸盐相与莫来石-刚玉相分步溶出形成低温液相法的技术路线，其二通过将莫来石相转化为羟基方钠石相继而转化为硅酸钠钙相，形成两步水热法的技术路线；进一步针对溶出过程中伴生元素镓、锂分别进入脱硅液和溶出液的特点开展了吸附分离法提取锂镓的研究。

## 5.1　高铝粉煤灰低温液相法提取氧化铝

高铝粉煤灰中氧化铝的提取须实现硅组分的高效分离，相比于铝土矿，高铝粉煤灰中铝硅比<1，直接进行浓碱脱硅将导致碱耗大、渣量大等问题。基于前期分析，高铝粉煤灰中硅组分主要以非晶态铝硅酸盐和莫来石相存在，因此本节提出首先采用稀碱溶液进行预脱硅溶出非晶态硅，进一步采用浓碱溶液溶出莫来石相中晶态硅的低温液相法提取氧化铝技术，工艺流程图如图 5.1 所示。

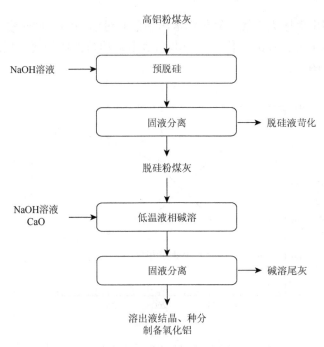

图 5.1　低温液相法提取氧化铝工艺流程图[54]

## 5.1.1　低温液相法溶出氧化铝过程工艺研究

分别通过实验研究脱硅粉煤灰碱溶提铝工艺条件，获取碱溶提铝反应的最优条件，考察了溶出温度、反应时间、碱灰比和钙硅比的影响因素。

**1. 溶出温度对氧化铝溶出率及浸出液苛性比的影响**

脱硅粉煤灰碱溶提铝反应是液固非催化反应，温度对氧化铝的溶出作用明显。从动力学角度分析温度的升高可以提高溶出反应速率，从热力学角度分析温度的升高可以有效提高反应热力学平衡常数，从而提高反应的进行程度。随着溶出温度的增加，脱硅粉煤灰中氧化铝的溶出率逐渐升高，当温度大于 280℃时，氧化铝浸出率已达 91.92%，继续提高溶出温度，其溶出率增加幅度趋于平缓。脱硅粉煤灰碱溶提铝反应溶出温度宜选择 280℃（图 5.2）。

**2. 反应时间对氧化铝溶出率及浸出液苛性比的影响**

反应时间作为碱溶法提取高铝粉煤灰中氧化铝的重要参数，决定了反应器的设计和选择。在 280℃、碱灰比为 6∶1、钙硅比为 1 条件下，采用质量分数为 60% 的氢氧化钠溶液溶出脱硅粉煤灰，氧化铝溶出率随反应时间的延长而增加，在 2 h

后氧化铝的溶出率增大平缓，氧化铝溶出率最高可达 90%；同时浸出液的苛性比随温度的升高呈现相反的变化。综合考虑溶出率和苛性比的变化反应宜选用 2 h 的反应时间（图 5.3）。

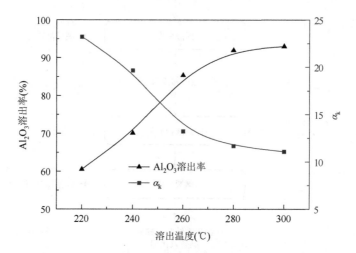

图 5.2　溶出温度对氧化铝溶出率及浸出液苛性比的影响[54]

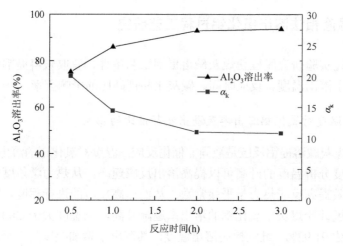

图 5.3　反应时间对氧化铝溶出率及浸出液苛性比的影响[54]

### 3. 碱灰比对氧化铝溶出率及浸出液苛性比的影响

碱灰比是脱硅粉煤灰提取氧化铝工艺的反应过程碱耗和溶出转化率的重要指标。在 280℃、氢氧化钠溶液浓度为 50%、钙硅比为 1、反应时间为 2 h 条件下，氧化铝溶出率随着碱灰比增加而增大，当碱灰比大于 6 时，氧化铝溶出率增加趋于平缓，溶出率最高可达 96.7%；浸出液苛性比随着碱灰比增加而逐渐增大（图 5.4）。综合考虑氧化铝溶出率及浸出液苛性比之间的关系，选择碱灰比为 6 作为溶出反应条件。

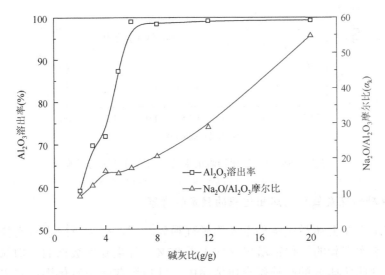

图 5.4　碱灰比对氧化铝溶出率及浸出液苛性比的影响[54]

### 4. 钙硅比对氧化铝溶出率及浸出液苛性比的影响

高铝粉煤灰经过预脱硅后，其所得脱硅粉煤灰中的氧化硅含量约为 30%，铝硅比仍较低，在氧化铝溶出过程需要添加氢氧化钙以实现铝硅分离。要控制过程铝硅的有效分离，需要控制反应过程物相的转变，考察钙硅比（所添加的氢氧化钙与脱硅粉煤灰中的氧化硅摩尔比）对氧化铝溶出率及浸出液苛性比的影响，随着 Ca/Si（摩尔比）的增加，氧化铝的溶出率逐渐增加，当 Ca/Si（摩尔比）为 1.0 时，溶出率达到最大值 94.30%，继续增大 Ca/Si（摩尔比），氧化铝的溶出率有小幅下降。浸出液的苛性比随 Ca/Si（摩尔比）的变化呈现出与氧化铝溶出率的变化关系相反的变化趋势（图 5.5）。综合考虑氧化铝溶出率与浸出液苛性比的影响，宜选择 Ca/Si（摩尔比）为 1.0 作为氧化铝提取条件。

综上，脱硅粉煤灰碱溶反应提取氧化铝的最优工艺条件宜选择溶出温度为 280℃、溶出时间为 2 h、碱灰比为 6∶1、钙硅比为 1.0 的溶出反应条件，其氧化铝溶出率最高可达 94.30%。

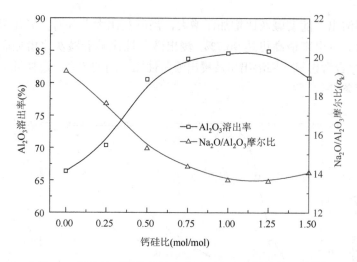

图 5.5　钙硅比对氧化铝溶出率及浸出液苛性比的影响[54]

**5. 脱硅粉煤灰氧化铝溶出过程的稳定性考察**

表 5.1 为在上述最优条件下 5 次脱硅粉煤灰碱溶提铝反应重复实验的溶出率结果。5 次实验的氧化铝溶出率均大于 85%，且重复性数据的平均偏差都小于 5%，说明所研究的高浓碱介质体系中脱硅粉煤灰溶出氧化铝过程实验数据稳定。

表 5.1　脱硅粉煤灰氧化铝溶出率重复性结果[54]

| 试验编号 | 氧化铝溶出率（%） | 误差（%） |
| --- | --- | --- |
| 1 | 88.66 | 0.56 |
| 2 | 85.33 | 4.29 |
| 3 | 87.5 | 1.86 |
| 4 | 93.14 | −4.46 |
| 5 | 91.16 | −2.24 |
| 平均值 | 89.16 | — |

## 5.1.2　低温液相法提取氧化铝过程物相转变及调控

**1. 高铝粉煤灰预脱硅碱溶提铝过程物相转变规律**

对原始高铝粉煤灰、脱硅粉煤灰以及脱硅粉煤灰碱溶液提铝后的尾灰进行成分分析，主要氧化物含量结果如表 5.2 所示。原始高铝粉煤灰中氧化铝和氧化硅含量较高，分别为 48.61%和 42.50%，氧化铝和氧化硅的质量比（以下简称铝硅比）为 1.14，远小于我国传统中低品位铝土矿中的铝硅比，须经过预脱硅操作除去部分非晶态氧化硅以提高铝硅比。经预脱硅后得到的脱硅粉煤灰中氧化铝含量升高，而氧化硅含量降低明显，由此说明高铝粉煤灰中的氧化硅被脱除，此时所得脱硅粉煤灰的铝硅比也相应增长到 2.02，脱硅粉煤灰中氧化钠含量明显增多，由此说明高铝粉煤灰预脱硅过程形成了含钠新物相。脱硅粉煤灰在浓碱溶液体系溶出氧化铝所得尾灰中氧化铝含量大幅度降低，而氧化硅及氧化钠含量都有增加，其铝硅比也大幅度降低为 0.21，由此说明在浓碱溶液体系中，氧化铝大量溶出，而氧化硅及氧化钠形成了稳定的固相留存于渣中。在预脱硅反应前后，固相中的 Ti、Fe 元素含量均有不同程度增加，说明 Ti、Fe 元素在预脱硅反应中几乎不溶出，与相关报道结论一致[162]；而在碱溶反应前后，固相中的 Ti、Fe 元素含量均有不同程度的降低，证明在碱溶反应中，Ti、Fe 元素均被部分溶出。

**表 5.2　固相在预脱硅碱溶过程主要氧化物含量**（%）[54]

| 样品 | $Al_2O_3$ | $SiO_2$ | $Na_2O$ | $Fe_2O_3$ | CaO | $TiO_2$ | MgO | A/S |
|---|---|---|---|---|---|---|---|---|
| 原灰 | 48.61 | 42.50 | — | 1.51 | 2.83 | 1.37 | 0.80 | 1.14 |
| 脱硅灰 | 53.00 | 26.22 | 16.43 | 2.77 | 5.52 | 2.40 | 1.68 | 2.02 |
| 碱溶灰 | 7.75 | 37.01 | 20.48 | 1.03 | 30.94 | 1.86 | 0.33 | 0.21 |

图 5.6 为原始高铝粉煤灰、脱硅粉煤灰以及脱铝尾灰的 X 射线衍射谱图。图 5.7 为 $2\theta = 10°\sim30°$ 处粉煤灰和脱硅粉煤灰的 X 射线衍射局部放大谱图。从图中可以看出，原始高铝粉煤灰经过预脱硅反应过程，莫来石相和刚玉相仍然存在，但是衍射峰在 $2\theta = 17°\sim25°$ 处的有略微凸起的 "馒头峰" 消失，说明高铝粉煤灰中非晶态 $SiO_2$ 被脱除。同时衍射峰在 $2\theta = 13.8°$ 和 24.3°处出现了羟基方钠石 $Na_8Al_6Si_6O_{24}(OH)_2(H_2O)_2$ 物相特征峰。由于羟基方钠石的形成，使得脱硅粉煤灰中氧化钠含量明显升高，这与上述固体组成分析结果一致。脱硅粉煤灰经浓碱溶液提铝后，所得脱铝尾灰中的莫来石相、刚玉相以及羟基方钠石物相特征峰完全消失，并且在 $2\theta = 31.3°$、32.8°和 33.2°处出现了硅酸钙钠相的特征峰以及在 $2\theta = 30.3°$ 和 34.0°处出现了类沸石相的特征峰。通过比对特征峰强度，说明硅酸钙钠物相特征峰明显强于类沸石相的特征峰，由此说明脱铝尾灰中主要物相为硅酸钙钠以及少量的类沸石相。

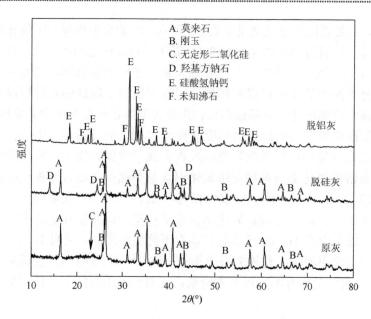

图 5.6　预脱硅碱溶过程固相 XRD 谱图[54]

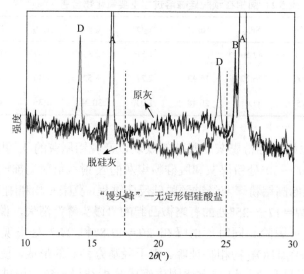

图 5.7　粉煤灰和脱硅粉煤灰的 X 射线衍射局部放大谱图（$2\theta = 10° \sim 30°$）[54]

图 5.8 为原始高铝粉煤灰、脱硅粉煤灰以及脱硅粉煤灰浓碱介质所得脱铝尾灰的粒径分布情况。原始高铝粉煤灰粒径分布较宽，粒径大于 100 μm 的颗粒占有少量比例，其中中值粒径（$d_{50}$）为 16.97 μm。高铝粉煤灰脱硅后所得的脱硅粉煤灰粒径分布变窄，几乎不含粒径大于 100 μm 的颗粒，但中值粒径（$d_{50}$）略有增大，为 17.91 μm，此变化说明高铝粉煤灰经脱硅后，非晶态的氧化硅溶出

后，颗粒的不规则程度降低。与脱硅粉煤灰相比，脱铝尾灰的粒径分布变化不大，但中值粒径（$d_{50}$）减小明显，变为 11.33 μm。比较三种固体粒度分析，结果表明粒径不均一的高铝粉煤灰在预脱硅过程，莫来石及刚玉颗粒表面附着的无定形 $SiO_2$ 被脱除，并同步生成羟基方钠石，使得脱硅粉煤灰的中值粒径增加和均一度得到改善。脱硅粉煤灰在浓碱溶液提铝过程中，莫来石、刚玉以及羟基方钠石等物相溶解，并且沉淀结晶析出硅酸钙钠物相，从而使得脱铝尾灰颗粒中值粒径减小。

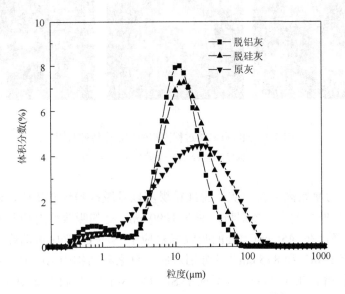

图 5.8　预脱硅碱溶过程固相的粒度分布[54]

　　图 5.9 为原始高铝粉煤灰、脱硅粉煤灰以及脱硅粉煤灰浓碱介质所得脱铝尾灰的电镜照片图。由图可知，原始高铝粉煤灰形状多样，大小不均一，粒径大小为 1～10 μm，以规则和不规则的球状为主要形貌，并且球体表面比较光滑。高铝粉煤灰经预脱硅反应后所得的颗粒的表面变得粗糙，且细颗粒有团聚现象，粒径约为 4～20 μm，且大小不均，球状表面有突起部分，经 XRD 分析表明（图 5.6），这些细小颗粒主要为羟基方钠石相。由此说明在预脱硅过程，高铝粉煤灰中特殊的无定形玻璃相被部分剥离，其包裹的莫来石结构相应裸露，同时生成了羟基方钠石所附着的表面。脱硅粉煤灰在浓碱溶液体系经碱溶反应后，球状和椭球状的颗粒完全消失，形成了颗粒大小和形貌相对均一的柱状或杆状颗粒，且长度约为 5～12 μm。经 XRD 分析表明（图 5.6），这些柱状或杆状颗粒主要成分为 $NaCaHSiO_4$。

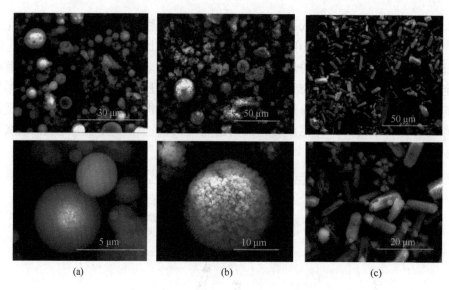

图 5.9　预脱硅碱溶过程固相的扫描电镜照片[54]

（a）高铝粉煤灰；（b）脱硅灰；（c）脱铝灰

　　图 5.10 为原始高铝粉煤灰、脱硅粉煤灰以及脱硅粉煤灰浓碱溶液体系所得脱铝尾灰的红外光谱图。高铝粉煤灰在 1099 cm$^{-1}$ 处的吸收峰对应于 Si—O 不对称收缩振动峰，在 458 cm$^{-1}$ 处的吸收峰对应于 Si—O 弯曲振动峰，在波数为 561 cm$^{-1}$、752 cm$^{-1}$ 和 875 cm$^{-1}$ 处分别对应于莫来石结构中 Al—O、Si—O—Al、Si—O 的特征峰，在 837 cm$^{-1}$ 处对应于 Si—O—Si 的对称收缩振动峰，由此说明原始高铝粉煤灰内含有一定量的无定形铝硅酸盐玻璃相[163]。经过预脱硅反应后，脱硅粉煤灰中在 458 cm$^{-1}$、1099 cm$^{-1}$ 和 837 cm$^{-1}$ 处的吸收峰消失明显，而在 800～1000 cm$^{-1}$ 处以及在 730 cm$^{-1}$ 处的吸收峰变得明显，由此说明原始高铝粉煤灰中铝硅酸盐玻璃相的 Si—O、Si—O—Si 等价键被破坏，莫来石特征峰变得明显，充分证实了预脱硅过程将无定形 SiO$_2$ 脱除，莫来石相未参与反应过程。同时，在 1000 cm$^{-1}$ 处作为 Al—O—Si 的特征峰仍然存在，并且在 1411 cm$^{-1}$ 处有新的吸收峰生成，说明反应生成了羟基方钠石新物相[164]。脱硅粉煤灰经过浓碱溶液溶出氧化铝后，Al—O 振动特征峰消失，同时在波数为 3645 cm$^{-1}$ 和 2805 cm$^{-1}$ 处出现较强的 OH—对称伸缩振动峰，此为氢氧化钙或水的羟基振动峰，在波数 1390 cm$^{-1}$ 处出现作为酸式基团≡SiOH 的特殊弯曲振动峰，Si—O 伸缩振动频率范围（波数为 980～790 cm$^{-1}$）内出现的宽峰也正是由于酸式阴离子[O$_3$SiOH]$^{3-}$ 的振动效应所致，同时在脱硅粉煤灰波数为 730 cm$^{-1}$ 处的 Si—O 伸缩振动峰发生迁移也可佐证反应所生成的主要物质为酸式正硅酸盐结构的 NaCaHSiO$_4$[165]。

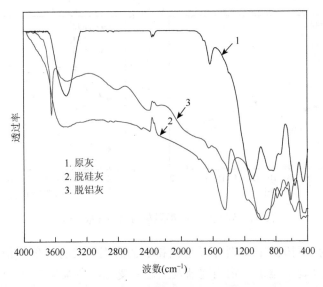

图 5.10　反应过程固相的红外光谱图[54]

2. 碱灰比对脱硅高铝粉煤灰碱溶提铝过程物相调控机制

碱灰比为氢氧化钠与脱硅粉煤灰的质量比，其作为碱溶反应的重要控制因素，直接决定了反应的碱耗与氧化铝的溶出率，因此有必要对溶出过程碱灰比进行分析。通过对 280℃、钙硅比为 1.0、反应时间 2 h 碱溶条件下得到的脱铝尾灰进行成分、物相、红外与形貌变化等的研究，从而获得碱灰比对脱硅高铝粉煤灰碱溶提铝过程物相调控规律。

图 5.11 为碱灰比对脱硅粉煤灰碱溶提铝后的脱铝尾灰中元素含量影响的关系图。由图可知，随着碱灰比从 2 增至 20，氧化钠的含量基本不变，当碱灰比大于 12 时降低；氧化铝含量的变化与氧化铝浸出率变化相反，呈现出逐渐降低、大于 6 时变化趋势平缓；氧化硅含量变化总体呈现出先增加后减少的趋势，氧化硅含量于 8~10 时含量趋于最大，大于 12 时有降低趋势；氧化钙作为添加物和灰内含有物质，其变化规律呈现出递增趋势；氧化铁的含量逐渐降低，碱灰比大于 6 时呈现出变缓的趋势；氧化钛的含量随着碱灰比的增加而逐渐增大，氧化镁的含量则随碱灰比增加呈现先增后减的趋势。究其原因，随碱灰比的增加，氧化铝、氧化硅、氧化铁和氧化镁均可被溶出，由相图可知，氧化铝首先被溶出，硅主要与钙和钠形成硅酸钠钙，镁和铁有部分溶出，随着氧化铝溶出达到平衡，氧化硅、氧化镁溶出量逐渐减少；氧化钛溶出较少，主要存在于渣相。

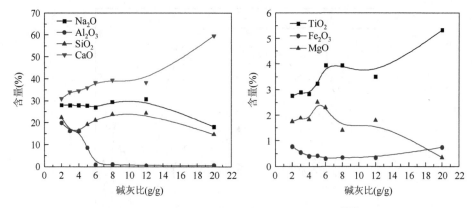

图 5.11　碱灰比对脱铝尾灰的元素含量影响[166]

图 5.12 为不同碱灰比条件下反应所得到的脱铝尾灰的 X 射线衍射谱图。由图可知，随着碱灰比的增加，物相逐渐发生迁移变化，当碱灰比为 2 时，脱铝尾灰中的主要物相为特征峰在 $2\theta = 18.3°$、$21.2°$、$23.7°$、$30.3°$ 和 $34.0°$，为类沸石相（$1.2Na_2O•0.8CaO•Al_2O_3•2SiO_2•H_2O$）的特征峰，此外还存在 $2\theta = 18.0°$、$34.1°$和 $46.9°$ 的特征峰，该谱峰为氢氧化钙的特征峰。另外还有少量未参与反应的氢氧化钙，随着碱灰比的提高，类沸石相和氢氧化钙的量逐渐减少，谱峰在 $2\theta = 31.3°$、$32.8°$ 和 $33.2°$处的谱峰逐渐增强，所代表物相硅酸钠钙相（$NaCaHSiO_4$）逐渐出现，当碱灰比为 6 时，类沸石相基本消失，物相主要为硅酸钠钙相（$NaCaHSiO_4$），另有少量的氢氧化钙存在，随着碱灰比的进一步提高，氢氧化钙的特征峰近乎消失，物相变为硅酸钠钙相（$NaCaHSiO_4$）。当碱灰比较低时，脱硅粉煤灰中的氧化铝未能完全溶出，所添加的氧化钙大量残留于固相脱铝尾灰，与 Na、Al 和 Si 形成类沸石相，剩余的 Ca 仍旧以氢氧化钙存在于尾灰中，随着碱灰比的进一步提高，氧化铝的溶出率增加，所形成的物相主要是硅酸钠钙相，当碱灰比大于 6 时，氢氧化钙基本完全转化为硅酸钠钙相，并与脱铝尾灰的固相元素含量变化相符合。

结合上述 XRD 的变化，采用 FTIR 分别对不同碱灰比条件下的脱铝尾灰的分子价键结构转变进行了研究（图 5.13）。随着碱灰比的上升，脱硅粉煤灰经过浓碱溶液溶出氧化铝后，Al—O 振动特征峰消失，同时在波数为 3645 cm$^{-1}$ 和 2805 cm$^{-1}$ 处出现较强的 OH—对称伸缩振动峰逐渐消失，在波数为 1390 cm$^{-1}$ 处出现作为酸式基团 ≡SiOH 的特殊弯曲振动峰逐渐增强，指纹区 Si—O 伸缩振动频率范围（波数为 980～790 cm$^{-1}$）内出现的宽峰变化也正是由于酸式阴离子 $[O_3SiOH]^{3-}$ 的格架振动效应所致，400～500 cm$^{-1}$ 处的谱带由双峰变为单峰，424 cm$^{-1}$ 处的 Si—O—Si 弯曲振动峰和 611 cm$^{-1}$ 处的 Al—O—Si 的弯曲振动峰消失，均可证明不同条件下的脱铝尾灰的物相结构不同、类沸石结构的八面体结构与硅酸钠钙的酸式正硅酸盐结构的不同，从而验证了物相调控过程。

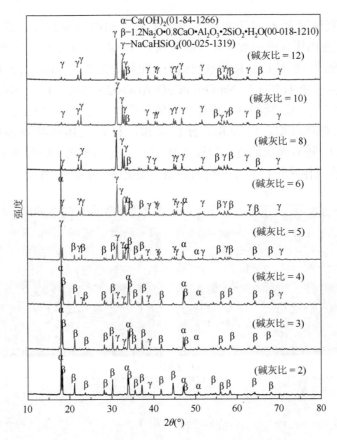

图 5.12　不同碱灰比下脱铝尾灰的 XRD 谱图[166]

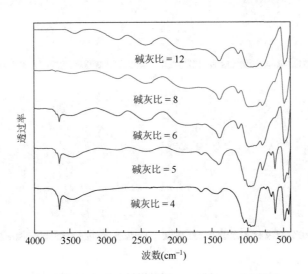

图 5.13　不同碱灰比下脱铝尾灰的 FTIR 谱图[166]

　　为更直观地理解不同碱灰比条件下不同物相的转变规律，采用扫描电镜（SEM）研究脱铝尾灰的形貌变化（图 5.14）。当碱灰比为 2 时，所得脱铝尾灰主要形貌为六面或八面棱锥结构的规则结构，粒径约为 2~5 μm，由 XRD 分析可知该物相主要为类沸石相（$1.2Na_2O \cdot 0.8CaO \cdot Al_2O_3 \cdot 2SiO_2 \cdot H_2O$）；当碱灰比增加至 5 时，脱铝尾灰中出现新的杆状或棒状晶体，晶体长度从 2~10 μm 不等，且固相中仍然存有类沸石相，经 XRD 分析可知，杆状或棒状晶体为硅酸钠钙相（$NaCaHSiO_4$）；随着碱灰比进一步提高至 12 时，脱铝尾灰中的颗粒主要为具有规则形状的杆状或棒状颗粒，即硅酸钠钙相，而类沸石相基本消失。

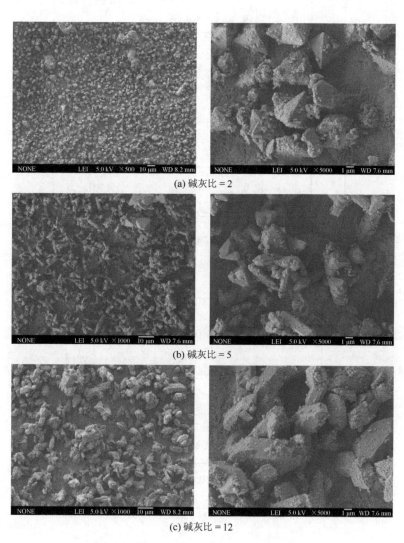

(a) 碱灰比 = 2

(b) 碱灰比 = 5

(c) 碱灰比 = 12

图 5.14　不同碱灰比下脱铝尾灰的 SEM 照片[166]

综上，通过碱灰比的调控，可以控制脱铝尾灰的物相生成，从而达到调控氧化铝溶出过程。碱灰比低于 4 时，可以定向调控生成类沸石相；碱灰比大于 6 时，可以定向调控生成硅酸钠钙相。

### 3. 钙硅比对脱硅高铝粉煤灰碱溶提铝过程物相调控机制

钙硅比作为碱溶反应的重要控制因素，直接决定了反应的尾渣产生量与氧化铝的溶出率。通过对脱铝尾灰的成分、物相、红外与形貌变化等的研究，从而获得钙硅比对脱硅高铝粉煤灰碱溶提铝过程物相调控规律，为脱硅粉煤灰碱溶过程提供指导。

图 5.15 为钙硅比对脱硅粉煤灰碱溶提铝后的脱铝尾灰中元素含量影响关系图。而钙硅比的影响呈现出规律较强的变化。随钙硅比的增加，氧化钠、氧化硅和氧化钛的含量均呈现下降趋势；而氧化铝变化趋势逐渐下降，大于 1.0 时呈现平缓，继续增大有小幅上升；氧化钙含量则逐渐上升；氧化镁含量则呈现随钙硅比逐渐增加，钙硅比大于 1.0 时有小幅降低趋势。究其原因，氧化钙的添加，能够直接影响脱铝尾灰的元素组成。

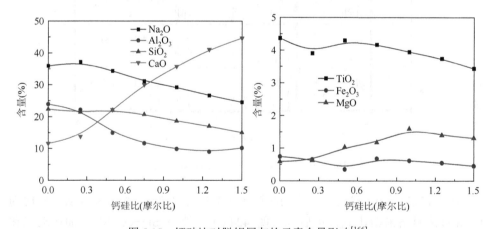

图 5.15　钙硅比对脱铝尾灰的元素含量影响[166]

图 5.16 为不同钙硅比条件下所得到的脱铝尾灰的 X 射线衍射谱图。当 Ca/Si（摩尔比）为 0（即不额外添加氧化钙）时，谱峰在 $2\theta = 18.3°$、$21.2°$、$23.7°$、$30.3°$ 和 $34.0°$ 处的特征峰均对应类沸石相物质（$1.2Na_2O•0.8CaO•Al_2O_3•2SiO_2•H_2O$），随着氢氧化钙的加入量逐渐增多，即 Ca/Si（摩尔比）逐渐增大，谱图在 $2\theta = 31.3°$、$32.8°$ 和 $33.2°$ 处的谱峰强度增加，类沸石相特征峰减弱，而硅酸钠钙相和氢氧化钙的特征峰逐渐增强。此时考虑到脱硅粉煤灰中仍含有 5.52% 的氧化钙，在不添加氢氧化钙的前提下，仍可以与 Na、Al 和 Si 形成类沸石相，随着钙的增多，逐渐

生成硅酸钠钙相，当添加钙继续增多时，氢氧化钙过量仍存留于尾灰中，此变化与脱铝尾灰元素组成变化一致。

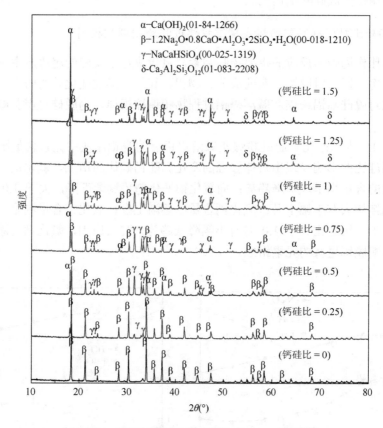

α–Ca(OH)$_2$(01-84-1266)
β–1.2Na$_2$O•0.8CaO•Al$_2$O$_3$•2SiO$_2$•H$_2$O(00-018-1210)
γ–NaCaHSiO$_4$(00-025-1319)
δ–Ca$_3$Al$_2$Si$_3$O$_{12}$(01-083-2208)

图 5.16　不同钙硅比下脱铝尾灰的 XRD 谱图[166]

图 5.17 为不同钙硅比条件下的脱铝尾灰的红外光谱图。脱硅粉煤灰钙硅比为 0，经过浓碱溶液溶出氧化铝后，出现 424 cm$^{-1}$ 处的 Si—O—Si 弯曲振动峰和 611 cm$^{-1}$ 处的 Al—O—Si 弯曲振动峰，随着反应过程中钙硅比的不断提高，波数 3645 cm$^{-1}$ 处 Ca(OH)$_2$ 的 OH—对称伸缩振动峰逐渐增强，波数 1390 cm$^{-1}$ 处酸式基团≡SiOH 的特殊弯曲振动峰同样逐渐增强，而指纹区 400～500 cm$^{-1}$ 处的谱带由双峰变为单峰，Si—O 伸缩振动频率范围（波数为 980～790 cm$^{-1}$）内出现的宽峰变化是由于酸式阴离子[O$_3$SiOH]$^{3-}$的格架振动效应所致，对应 XRD 谱图分析，可以证明不同钙硅比条件下的脱铝尾灰的物相结构的不同、类沸石结构的八面体结构与硅酸钠钙的酸式正硅酸盐结构的不同，进而证明了类沸石相到硅酸钠钙相和氢氧化钙物相调控过程。

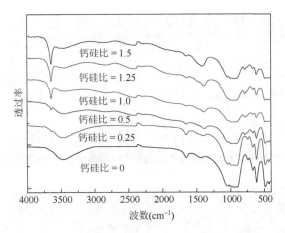

图 5.17　不同钙硅比下脱铝尾灰的 FTIR 谱图[166]

图 5.18 为不同钙硅比下的脱铝尾灰的 SEM 照片。由图可知，当 Ca/Si（摩尔比）为 0 时，脱铝尾灰中的固相形貌完全为类沸石相的颗粒形貌特征，具有规则形状的六面或八面棱锥结构，粒径大小为 3～5 μm。由图 5.15 可知，此晶体为类沸石相（$1.2Na_2O \cdot 0.8CaO \cdot Al_2O_3 \cdot 2SiO_2 \cdot H_2O$）。当 Ca/Si（摩尔比）为 0.25 时，固相中出现棒状或杆状的晶体，经过 XRD 分析，可知此晶体为硅酸钠钙相（$NaCaHSiO_4$）。当钙硅比继续升高至 1.25 时，脱铝尾灰的颗粒主要为杆状或棒状的颗粒。

(a) 钙硅比 = 0

(b) 钙硅比 = 0.25

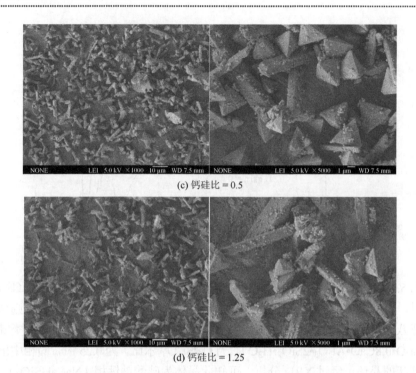

(c) 钙硅比 = 0.5

(d) 钙硅比 = 1.25

图 5.18　不同钙硅比下脱铝尾灰的 SEM 照片[166]

综上，通过钙硅比的调控可以控制脱铝尾灰的物相生成，从而达到调控氧化铝溶出过程。钙硅比低于 0.5 时可以定向调控生成类沸石相；碱灰比大于 1.0 时可以定向调控生成硅酸钠钙相，钙硅比介于两者之间时两种物相均有生成。

**4. 脱硅粉煤灰碱溶提铝产物验证**

为进一步证实两种不同晶型物相的成分，通过 SEM-EDS 来分析其组成含量（图 5.19）。具有六面或八面棱锥结构的物相其主要成分为 Na、Al、Si、Ca 和 O，且根据原子数百分比可知，其理论化学式为 $1.5Na_2O \cdot 0.5CaO \cdot Al_2O_3 \cdot 2.2SiO_2 \cdot xH_2O$，能够比较好地符合类沸石相（$1.2Na_2O \cdot 0.8CaO \cdot Al_2O_3 \cdot 2SiO_2 \cdot H_2O$）的理论化学式组成；具有棒状或杆状的颗粒其主要成分为 Na、Ca 和 Si，Al 的质量百分数已经降为 1.03%，根据其原子百分含量可推知其理论化学式中的原子比为 $Na : Ca : Si : O = 1.1 : 1 : 1.3 : 4.7$，可较好地符合 $NaCaHSiO_4$ 化学式。

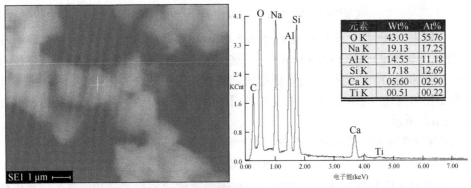

(a) 未知沸石

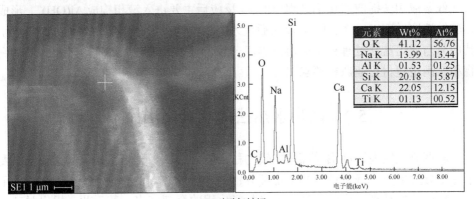

(b) 硅酸氢钠钙

图 5.19　两种不同物相的 SEM-EDS 照片[166]

### 5. 高铝粉煤灰低温碱溶提铝过程物相转变机理分析

脱硅粉煤灰在浓碱溶液体系提铝反应后，莫来石相和刚玉相被完全破坏，生成了具有稳定结构的 $NaCaHSiO_4$ 以及少量的类沸石（$1.2Na_2O \cdot 0.8CaO \cdot Al_2O_3 \cdot 2SiO_2 \cdot H_2O$）结构的新物相。脱硅粉煤灰中所含的铝主要进入液相，形成 $Al(OH)_4^-$，硅溶出后进入液相成为 $SiO_3^{2-}$。具体化学变化见式（5.1）～式（5.3）。

$$3Al_2O_3 \cdot 2SiO_2 + 10OH^- + 7H_2O \Longrightarrow 2SiO_3^{2-} + 6Al(OH)_4^- \tag{5.1}$$

$$Al_2O_3 + 2OH^- + 3H_2O \Longrightarrow 2Al(OH)_4^- \tag{5.2}$$

$$Na_8Al_6Si_6O_{24}(OH)_2(H_2O)_2 + 10OH^- + 4H_2O \Longrightarrow 6SiO_3^{2-} + 6Al(OH)_4^- + 8Na^+ \tag{5.3}$$

当碱灰比控制大于 6 或钙硅比调控大于 1 时，脱铝尾灰中新生成的物相几乎全部为硅酸钠钙相 $NaCaHSiO_4$，说明 $SiO_3^{2-}$ 与 $Ca^{2+}$ 以及 $Na^+$ 结合生成 $NaCaHSiO_4$。具体过程见式（5.4）和式（5.5）。

$$Ca(OH)_2 \Longrightarrow Ca^{2+} + 2OH^- \tag{5.4}$$

$$Ca^{2+} + SiO_3^{2-} + Na^+ + OH^- =\!\!=\!\!= NaCaHSiO_4 \qquad (5.5)$$

当碱灰比低于 4 或钙硅比低于 0.5 时，脱铝尾灰中近乎全部为类沸石相（$1.2Na_2O \cdot 0.8CaO \cdot Al_2O_3 \cdot 2SiO_2 \cdot H_2O$），这主要是由于溶液中 $Al(OH)_4^-$ 进一步与 $Na^+$、$Ca^{2+}$ 和 $SiO_3^{2-}$ 的物相生成更稳定的类沸石，从而导致氧化铝溶出率降低，此过程变化与前述分析 XRD 谱图及红外谱图分析结论一致。其主要反应方程式如式（5.6）所示：

$$2.4Na^+ + 0.8Ca^{2+} + 2SiO_3^{2-} + 2Al(OH)_4^- =\!\!=\!\!= 1.2Na_2O \cdot 0.8CaO \cdot Al_2O_3 \cdot 2SiO_2 \cdot H_2O$$
$$+ 2OH^- + 2H_2O \qquad (5.6)$$

经过碱灰比和钙硅比工艺调控，可以调控脱铝尾灰生成硅酸钠钙相，高铝粉煤灰低温液相法提取氧化铝过程中的 Al 反应后主要进入液相构成 $Al(OH)_4^-$，形成铝酸钠溶液，而 Ca、Na 和 Si 反应后进入固相，构成组分主要为 $NaCaHSiO_4$ 相，其成分与亚熔盐法处理铝土矿溶出赤泥一致，可以通过脱碱处理后转化为硅酸钙物相，满足建材行业原料要求[167]。

## 5.2  两步水热法提取氧化铝技术

前期研究发现，高铝粉煤灰中较为稳定的含铝物相莫来石相可以在较低温度下完全分解形成羟基方钠石并溶出部分铝，之后羟基方钠石进一步在较高温度下分解形成硅酸钠钙，由此实现绝大多数氧化铝的全部溶出。基于此，提出脱硅粉煤灰两步水热提取氧化铝路线，即第一步水热处理将高铝粉煤灰中的莫来石转化为羟基方钠石，第二步水热处理将羟基方钠石转化为硅酸钠钙，同时将第二步水热处理所得含铝溶液作为第一步水热处理的浸出介质，由此实现氧化铝的高效溶出。相比于低温液相法提铝技术，本方法可有效降低提铝溶液的苛性比，提升含铝溶液的循环提取效率，整体工艺的合理性得到进一步提升，工艺流程图如图 5.20 所示。

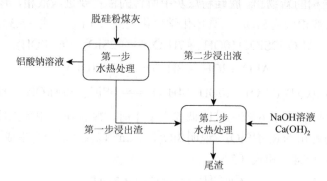

图 5.20  两步水热法工艺示意图

## 5.2.1　第一步水热法处理过程工艺优化

根据前期实验结果，影响高铝粉煤灰中氧化铝溶出的因素包括反应温度、液固比、反应时间和 NaOH 溶液等。本节首先通过设计正交实验，比较不同因素影响的大小，之后再进行单因素条件实验考察。

使用预脱硅粉煤灰在搅拌转速 600 r/min 条件下，研究了上述因素对脱硅高铝粉煤灰中氧化铝在铝酸钠溶液中溶出的影响。选取 $L_9(3^4)$ 正交表进行实验，选取的因素和水平见表 5.3，正交实验结果分析见表 5.4。

表 5.3　正交实验因素及水平[168]

| 水平 | 因素 | | | |
|---|---|---|---|---|
| | $t$（h） | L/S（mL/g） | $T$（℃） | $\alpha_K$ |
| 水平 1 | 0.5 | 6 | 180 | 12 |
| 水平 2 | 1.0 | 8 | 200 | 14 |
| 水平 3 | 1.5 | 10 | 220 | 16 |

表 5.4　正交实验结果[168]

| 序号 | 因素 | | | | |
|---|---|---|---|---|---|
| | $t$（h） | L/S（mL/g） | $T$（℃） | $\alpha_K$ | $X_1$（%） |
| 1 | 0.5 | 6 | 180 | 12 | 39.87 |
| 2 | 0.5 | 8 | 200 | 14 | 47.63 |
| 3 | 0.5 | 10 | 220 | 16 | 53.89 |
| 4 | 1.0 | 6 | 200 | 16 | 46.42 |
| 5 | 1.0 | 8 | 220 | 12 | 53.21 |
| 6 | 1.0 | 10 | 180 | 14 | 46.29 |
| 7 | 1.5 | 6 | 220 | 14 | 52.93 |
| 8 | 1.5 | 8 | 180 | 16 | 48.12 |
| 9 | 1.5 | 10 | 200 | 12 | 50.41 |
| $K_1$ | 47.13 | 46.41 | 44.76 | 47.83 | |
| $K_2$ | 48.64 | 49.66 | 48.15 | 48.95 | |
| $K_3$ | 50.49 | 50.20 | 53.35 | 49.48 | |
| $R$ | 3.36 | 3.79 | 8.59 | 1.64 | $T > L/S > t > \alpha_K$ |

图 5.21 为各因素的影响趋势图。在液固比为 6 时氧化铝的溶出率较低，这是因为较低的液固比使得体系的固含量过高，导致体系黏度过大，降低了粉煤

灰中莫来石的转化效率。当液固比提高到 8 时，脱硅粉煤灰中氧化铝提取率增大，继续增大液固比，氧化铝提取率变化不大。当铝酸钠溶液苛性比从 12 增加到 14 时，氧化铝的提取率增大，继续增加苛性比到 16，氧化铝提取率的变化很小。随反应时间的延长和反应温度的增加，氧化铝的提取率均明显增加。反应温度对脱硅粉煤灰中氧化铝提取率影响较大，随着反应温度升高，氧化铝的提取率迅速增大。

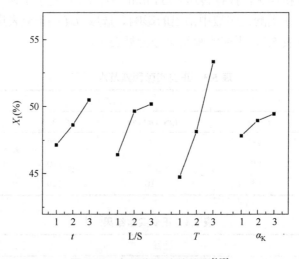

图 5.21 各因素影响趋势图[168]

基于上述分析可知，第一步水热法处理过程中，各个因素按照反应温度、液固比、反应时间和苛性比的顺序影响逐渐减小。在正交实验的基础上，进一步考察了反应温度、液固比、反应时间和铝酸钠溶液苛性比的影响。

（1）在铝酸钠溶液苛性比 14、碱浓度 40%、液固比 8、搅拌转速 600 r/min 和反应时间 1.5 h 条件下，考察了反应温度对脱硅粉煤灰中氧化铝提取率的影响（图 5.22）。随着反应温度的升高，氧化铝的提取率逐渐增大。在 220℃达到 54.7%，继续升高反应温度到 240℃，氧化铝的提取率变化不大。不同温度下产物的 XRD 谱图如图 5.23 所示。从图中可以看出，在反应温度为 180℃时，产物的主要物相组成为羟基方钠石、少量刚玉和未反应的莫来石。升高反应温度到 200℃，莫来石完全消失。反应温度升高到 220℃，刚玉完全消失。继续升高反应温度到 240℃，产物的 XRD 谱图基本没有变化。升高反应温度能够加快高铝粉煤灰中莫来石和刚玉等物相在一定苛性比铝酸钠溶液中的反应速度，从而使得氧化铝的提取率增加。但是当反应温度升高到 220℃后，莫来石和刚玉基本完全反应。因此，继续升高反应温度，氧化铝的提取率基本保持不变。

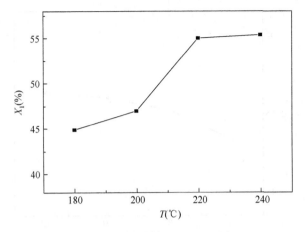

图 5.22　反应温度对氧化铝提取率的影响[168]

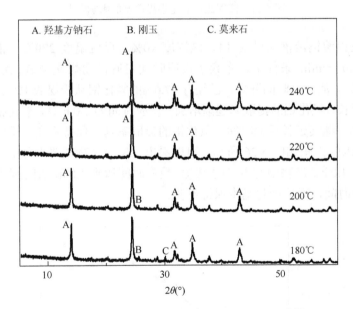

图 5.23　不同反应温度提铝残渣的 XRD 谱图[168]

（2）在铝酸钠溶液苛性比 14、碱浓度 40%、反应温度 220℃、搅拌转速 600 r/min、反应时间 1.5 h 条件下，考察了液固比对脱硅粉煤灰中氧化铝提取率的影响（图 5.24）。增加液固比能降低体系的固含量，使得氧化铝的溶出反应充分，从而增加氧化铝的提取率。达到一定液固比后，在实验条件下莫来石和刚玉能充分反应，达到平衡状态。继续增加液固比，氧化铝的提取率变化基本保持恒定。

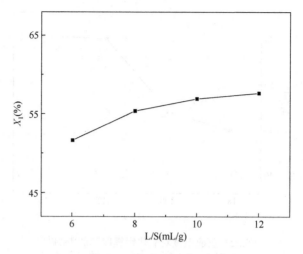

图 5.24　液固比对氧化铝提取率的影响[168]

（3）在铝酸钠溶液苛性比 14、碱浓度 40%、反应温度 220℃、液固比 8、搅拌转速 600 r/min 条件下，考察了反应时间对脱硅粉煤灰中氧化铝溶出的影响（图 5.25）。从计时时间开始，已经有 47.6%的氧化铝从粉煤灰中溶出。随着反应时间的延长，氧化铝的提取率逐渐增加。反应时间为 1.0 h 时，氧化铝的提取率达到 54.7%，继续延长反应时间，氧化铝的提取率基本保持不变。不同反应时间的产物的 XRD 谱图如图 5.26 所示。可以看出，反应产物主要为羟基方钠石。反应时间低于 1.0 h，产物中有少量的刚玉。反应时间达到 1.0 h，刚玉消失，之后继续延长反应时间，反应产物基本保持不变。

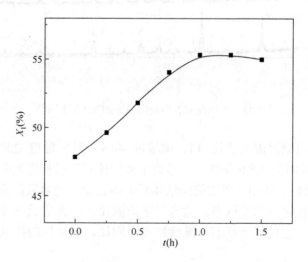

图 5.25　反应时间对氧化铝提取率的影响[168]

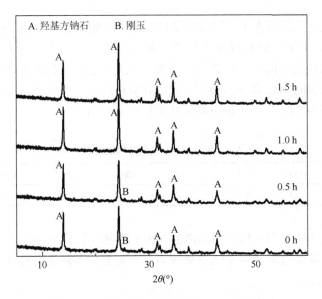

图 5.26　不同反应时间产物的 XRD 谱图[168]

（4）在碱浓度 40%、液固比 8、反应温度 220℃、搅拌转速 600 r/min、反应时间 1.5 h 条件下，考察了在铝酸钠溶液苛性比为 14、24、34、44 条件下，脱硅粉煤灰中氧化铝提取率（图 5.27）。氧化铝的提取率随着液固比的增加有增加的趋势。但整体上，苛性比对氧化铝的提取率影响很小。在相同氧化铝提取率条件下，初始溶液的苛性比越低，则最终溶液的苛性比越低。因此，优化的苛性比为 14。最终，得到第一步水热法过程优化的反应条件：反应温度 220℃，液固比 8，反应时间 1.0 h 和苛性比 14。

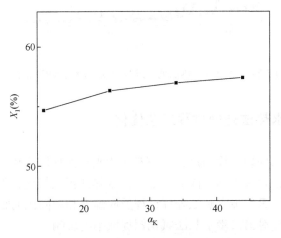

图 5.27　苛性比对氧化铝提取率的影响[168]

（5）在优化工艺条件下，即反应温度220℃、液固比8、反应时间1 h和苛性比14条件下，采用脱硅粉煤灰为原料，制备出用于第二步水热法处理过程的原料。第一步水热法所得固体残渣的组成如表5.5所示，可以看出所得残渣的铝硅比从脱硅粉煤灰的1.82降低到0.87，由此计算得到第一步水热法处理过程的理论氧化铝提取率为52%，与实验所得氧化铝提取率相当。

**表5.5 第一步水热过程产物组成[168]**

| 氧化物 | $Na_2O$ | $Al_2O_3$ | $SiO_2$ | CaO | $TiO_2$ | $Fe_2O_3$ | A/S |
|---|---|---|---|---|---|---|---|
| 质量分数（%） | 26.24 | 30.26 | 34.65 | 3.90 | 2.52 | 1.20 | 0.87 |

第一步水热法处理过程所得残渣的XRD谱图如图5.28所示。从图中可以看出，脱硅粉煤灰经过第一步水热法处理后，莫来石完全转化为羟基方钠石，同步实现氧化铝的溶出。

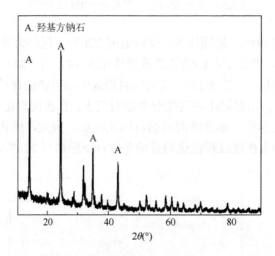

图5.28 第一步水热法处理过程所得残渣的XRD谱图[168]

## 5.2.2 第二步水热法处理过程工艺优化

第二步水热法处理过程与高铝粉煤灰一步水热法提取氧化铝过程相同，不同点是原料中氧化铝含量不同。因此，在一步水热法提取氧化铝的优化工艺条件基础上，重点考察了第二步水热法处理过程反应温度和液固比的影响。

（1）反应温度对第二步水热法氧化铝提取率的影响。

在40% NaOH、液固比8、钙硅比1.0和反应时间45 min的条件下，首先考察了反应温度对氧化铝溶出的影响（图 5.29）。随反应温度的升高，氧化铝的提取率逐渐增加。当反应温度低于 240℃时，氧化铝的提取率低于 90%。在反应温度升高至 260℃时，氧化铝的提取率达到 92.12%。继续升高反应温度到 280℃，氧化铝的提取率变化不大，因此，优化的反应温度为 260℃。

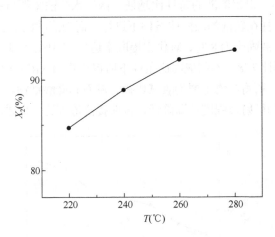

图 5.29　反应温度对第二步水热法氧化铝提取率的影响[168]

不同反应温度条件下第二步水热法处理所得残渣的 XRD 谱图如图 5.30 示。从图中可以看出，220℃时反应产物主要为硅酸钠钙、沸石、氢氧化钙和羟基方钠石。反应温度升高到 240℃时，羟基方钠石消失。反应温度增加到 260℃时，沸石的衍射峰强度变低，继续升高反应温度到 280℃，沸石的含量基本保持不变。

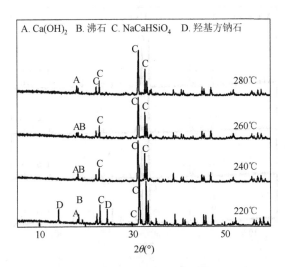

图 5.30　不同温度下产物的 XRD 谱图[168]

（2）液固比对第二步水热法氧化铝提取率的影响。

在 260℃、40% NaOH、钙硅比 1.0 和反应时间 45 min 的条件下，考察了液固比对氧化铝溶出率的影响，如图 5.31 所示。在液固比为 6 时，氧化铝的提取率为 86.1%。随液固比增加，氧化铝的提取率逐渐增加。基于高铝粉煤灰一步水热法提取氧化铝过程，液固比越小，提铝溶液的苛性比越低。两步水热法主要目的是降低溶液的苛性比，因此尽量选择在较低的液固比条件下进行。而当液固比小于 8 时，氧化铝提取率低于 90%。在液固比为 8 时，氧化铝提取率达到 92.1%。因此，第二步水热法处理过程合适的液固比为 8。不同液固比条件下所得产物的 XRD 谱图如图 5.32 所示。当液固比为 6 时，所得产物主要为氢氧化钙、沸石和硅酸钠钙。随液固比的增加，沸石在 18.5° 附近的衍射峰强度逐渐降低，说明提高液固比能促进沸石的转化。

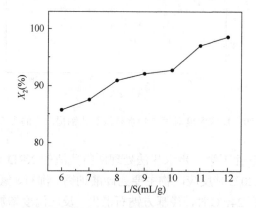

图 5.31　液固比对第二步水热法氧化铝提取率的影响[168]

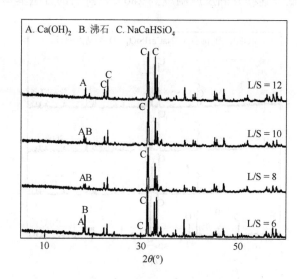

图 5.32　不同液固比下产物的 XRD 谱图[168]

（3）取 79.80 g 第一步水热法处理过程所得的残渣，在 260℃、40% NaOH、液固比 8、钙硅比 1.0 和反应时间 45 min 条件下反应，得到溶液的组成见表 5.6，其苛性比约为 14，由此说明第二步水热法处理过程所得的浸出液可以直接用于第一步水热法处理过程。

表 5.6　第二步水热法处理过程所得浸出液浓度[168]

| 氧化物 | $Na_2O$ | $Al_2O_3$ | $SiO_2$ |
|---|---|---|---|
| 浓度（g/L） | 360.85 | 42.03 | 4.23 |

# 5.3　伴生镓元素富集提取技术

镓属于两性稀散金属，由于其具有低熔点、高沸点、良好的超导性、延展性以及优良的热缩冷胀等性能，被广泛应用到半导体、太阳能、合金、化工等领域。前期研究发现，镓与铝通常以类质同相的形式存在于勃姆石等含铝矿物中，因此高铝粉煤灰中镓的含量通常较普通粉煤灰高 2～3 倍，达到约 60～100 ppm。在主流铝土矿拜耳法提铝过程中，镓通常随种分母液在提铝流程中循环富集，最高可达到 5 g/L。但是对于高铝粉煤灰提铝工艺，由于中间物料走向相对分散，因此种分母液中镓含量呈现浓度波动大、含量相对较低的特点。本节基于碱法提铝技术路线，阐述了富镓溶液选择性吸附提镓的研究进展。

## 5.3.1　低浓度含镓溶液静态吸附研究

本节对 LSC-600S、LSC-600 和 CH-920GA 三种主流碱性树脂进行镓吸附材料筛选试验。通过静态吸附条件考察，进行吸附动力学线性拟合，筛选合适的镓吸附材料。

### 1. 树脂筛选结果

在碱体系镓溶液中分别对 LSC-600S、LSC-600 和 CH-920GA 型号树脂进行静态吸附实验，结果如图 5.33 所示。在相同的碱浓度条件下，LSC-600S 型树脂在溶液中吸附镓不稳定，CH-920GA 型号树脂在溶液中较稳定，但对镓的吸附量较小，LSC-600 型树脂机能在碱溶液中稳定存在，其对镓的吸附容量相对较高，因此选用 LSC-600 型号树脂作为实验最佳吸附剂。

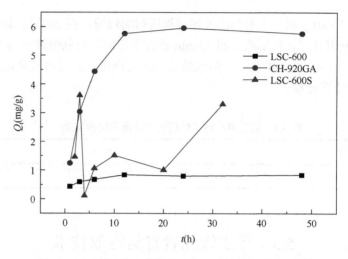

图 5.33　不同树脂在碱体系条件下对镓的吸附结果[169]

## 2. 静态吸附条件考察

　　时间对树脂吸附容量的影响：当碱浓度为 5 mol/L，初始浓度分别为 25 mg/L、50 mg/L、100 mg/L、200 mg/L、400 mg/L、600 mg/L、800 mg/L、1000 mg/L、2000 mg/L、3000 mg/L 的含镓溶液分别在 30℃、40℃、50℃、60℃下静态吸附 48 h 时，得到的吸附时间 $t$ 与树脂吸附容量 $Q_t$ 的关系如图 5.34 所示。在 $t$ 为 0～7 h 内，$Q_t$ 随 $t$ 的增大而显著增大，在 7～12 h 内，$Q_t$ 随 $t$ 的增大而缓慢增大，当吸附时间 $t$ 达到 12 h 后，$Q_t$ 基本不变，此时树脂基本达到吸附饱和。为保证树脂能够充分吸附，后续的吸附实验均采用 24 h 开展，此时树脂已经达到吸附平衡。

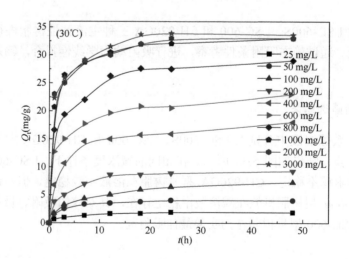

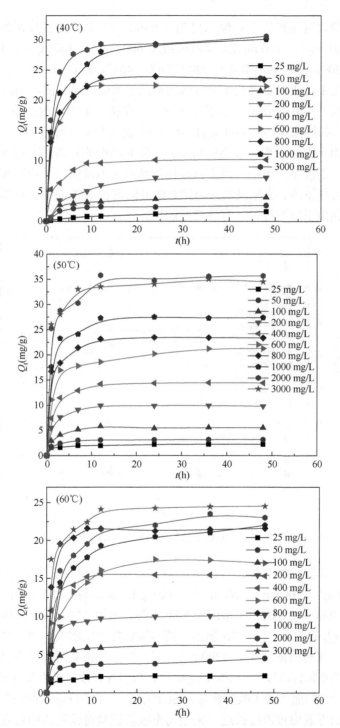

图 5.34　不同温度下树脂对镓的吸附容量随时间变化关系[169]

　　温度对吸附容量的影响：碱浓度为 5 mol/L，镓初始浓度分别为 25 mg/L、50 mg/L、100 mg/L、200 mg/L、400 mg/L、600 mg/L、800 mg/L、1000 mg/L、2000 mg/L、3000 mg/L 的模拟溶液分别在 30℃、40℃、50℃、60℃下静态吸附 24 h，得到不同温度下树脂对不同初始浓度镓溶液的平衡吸附容量图，如图 5.35 所示。镓初始浓度低于 400 mg/L 时，各温度下树脂的平衡吸附容量相差不大，温度对其影响较小。镓初始浓度高于 400 mg/L 时，随着温度升高，树脂的平衡吸附容量呈降低趋势。由于吸附过程一般为放热反应，随着温度的升高，不利于吸附过程的进行，在较高温度下镓离子与吸附官能团的结合能力减弱，导致较高温度下树脂的平衡吸附容量下降。采用碱溶法提铝时溶液温度在 50℃左右，故提铝过程中的母液可以直接用于吸附过程，有效降低能耗。

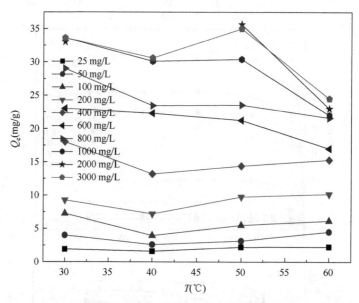

图 5.35　不同镓离子初始浓度饱和吸附容量随温度变化关系[170]

　　镓初始浓度对吸附容量的影响：碱浓度为 5 mol/L，镓初始浓度分别为 25 mg/L、50 mg/L、100 mg/L、200 mg/L、400 mg/L、600 mg/L、800 mg/L、1000 mg/L、2000 mg/L、3000 mg/L 的模拟溶液在 50℃下静态吸附 24 h，镓初始浓度与树脂平衡吸附容量 $Q_e$ 的关系如图 5.36 所示。随着镓初始浓度增大，树脂平衡吸附容量随之增大，当镓初始浓度高于 1200 mg/L 时，树脂平衡吸附容量不再增加而达到饱和，说明当初始镓浓度大于 1200 mg/L 时，树脂的有效官能团吸附能力已经达到饱和，该型号的树脂的最大吸附容量为 36 mg/g。对于 50 mg/L 的模拟溶液，其中镓浓度与提铝母液中镓浓度接近，采用动态吸附试验可验证树脂对低浓度镓离子的吸附效果。

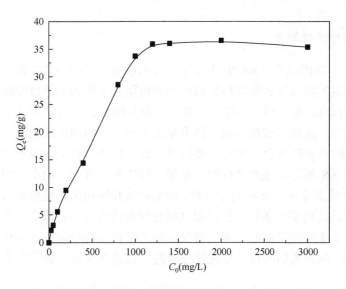

图 5.36　50℃下树脂静态吸附饱和吸附容量随镓离子初始浓度变化关系[170]

碱浓度对吸附容量的影响：镓浓度为 2000 mg/L，碱浓度分别为 1 mol/L、3 mol/L、5 mol/L、7 mol/L、9 mol/L 的模拟溶液，在 50℃下静态吸附 24 h，得到不同碱浓度与树脂对镓的平衡吸附容量关系如图 5.37 所示。树脂对镓的平衡吸附容量随碱浓度增大呈先升高后降低的趋势，在碱浓度为 5 mol/L 时，树脂对镓的吸附容量最大，由此可知 50℃下静态吸附实验最佳碱浓度为 5 mol/L。

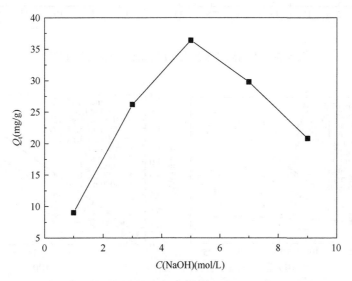

图 5.37　50℃下树脂对镓吸附容量与碱浓度关系[170]

### 3. 动力学线性拟合

在 50℃、碱浓度为 5 mol/L 条件下，分别以准一级动力学方程、准二级动力学方程、液膜扩散模型和颗粒内扩散模型对树脂在不同初始浓度镓溶液的吸附行为进行线性拟合，准一级动力学线性拟合结果见图 5.38，准二级动力学线性拟合结果见图 5.39，液膜扩散模型拟合结果见图 5.40，颗粒内扩散模型见图 5.41，树脂对镓的吸附容量的拟合结果与实验结果见表 5.7。不同动力学模型拟合得到的相关系数如表 5.8 所示。根据线性拟合结果，树脂吸附镓离子的准二级动力学方程相关系数 $R^2$ 值大于准二级动力学方程、液膜扩散和颗粒内扩散模型方程相关系数 $R^2$ 值。液膜扩散模型和颗粒内扩散模型拟合得到的直线不过原点，所以树脂对镓的吸附由两个模型同时控制，准二级反应动力学说明镓吸附过程为化学反应控制吸附的过程，镓和树脂的螯合反应过程较慢，为速率控制步骤[174-177]。

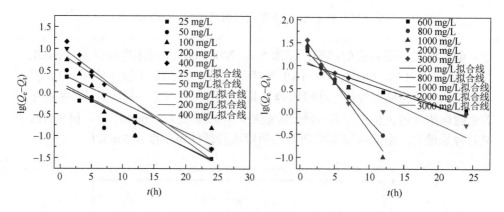

图 5.38　不同浓度镓溶液对应的准一级拟合结果[169]

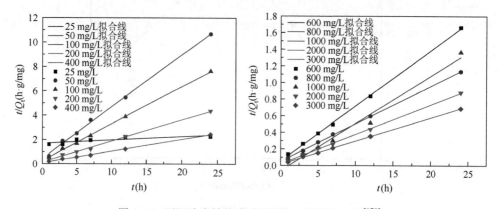

图 5.39　不同浓度镓溶液对应的准二级拟合结果[170]

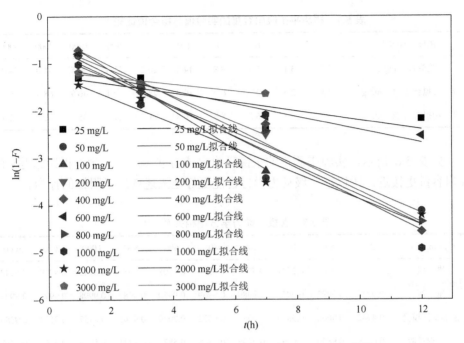

图 5.40　不同浓度镓溶液对应的液膜扩散模型拟合[169]

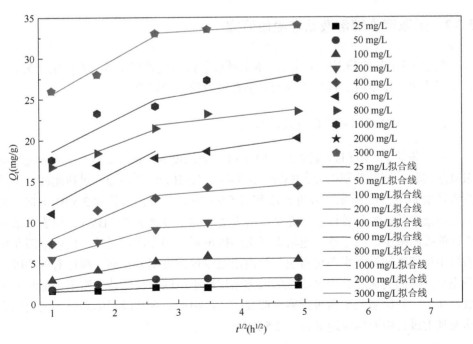

图 5.41　不同浓度镓溶液对应的颗粒内扩散模型拟合[169]

**表 5.7　树脂平衡吸附容量的实验值与拟合值比较**[169]

| 浓度（mg/L） | 25 | 50 | 100 | 200 | 400 | 600 | 800 | 1000 | 2000 | 3000 |
|---|---|---|---|---|---|---|---|---|---|---|
| 试验值 $Q_t$（mg/g） | 2.2 | 3.1 | 5.3 | 9.8 | 14.3 | 20.2 | 23.4 | 27.5 | 34.0 | 34.0 |
| 准一级拟合值 $Q_t$（mg/g） | 1.0 | 2.5 | 2.3 | 6.0 | 10.8 | 28.3 | 37.1 | 46.9 | 68.4 | 59.0 |
| 准二级拟合值 $Q_t$（mg/g） | 1.8 | 3.8 | 6.5 | 8.9 | 16.8 | 21.6 | 27.9 | 35.6 | 32.4 | 32.4 |

如表 5.8 所示，实验中测定的平衡吸附容量与准二级动力学方程计算得到的吸附容量更接近，所以准二级动力学方程能更好地描述树脂吸附镓的行为。

**表 5.8　各模型动力学方程相关系数**[169]

| $C_0$（mg/L） | 25 | 50 | 100 | 200 | 400 | 600 | 800 | 1000 | 2000 | 3000 |
|---|---|---|---|---|---|---|---|---|---|---|
| 准一级 | 0.1831 | 0.0069 | 0.2191 | 0.5052 | 0.2208 | 0.6098 | 0.7688 | 0.3743 | 0.4769 | 0.6242 |
| 准二级 | 0.9970 | 0.9992 | 0.9952 | 0.9989 | 0.9969 | 0.9970 | 0.9989 | 0.9998 | 0.9995 | 0.9994 |
| 液膜扩散模型 | 0.4942 | 0.9068 | 0.9899 | 0.9953 | 0.9523 | 0.7039 | 0.9545 | 0.8457 | 0.9143 | 0.9286 |
| 颗粒内扩散 | 0.6059 | 0.9850 | 0.9792 | 0.9536 | 0.7868 | 0.5876 | 0.9821 | 0.5952 | 0.9367 | 0.9367 |

### 5.3.2　低浓度含镓溶液动态吸附研究

基于 5.3.1 节的静态吸附实验，本节开展了低浓度含镓溶液动态吸附研究，重点研究流速、镓浓度、温度等因素对动态吸附效果的影响。

#### 1. 液体流速对树脂吸附效果的影响

50℃条件下，用初始镓浓度为 50 mg/L、碱浓度为 5 mol/L 的模拟溶液进行动态吸附实验，溶液分别以 2.5 BV/h、5 BV/h、7.5 BV/h 的流速穿过树脂柱，穿透曲线结果如图 5.42 所示。由图 5.42 和表 5.9 可知，当液体流速为 2.5 BV/h 时，树脂对溶液中的镓吸附较慢也较完全，增大溶液的穿透速率到 5 BV/h，树脂对溶液中镓的吸附减少，当穿透流速增大至 7.5 BV/h 后，由于流速过快，所以溶液在树脂柱中停留时间短，由图可看出初始流出液中镓浓度明显较高，树脂对镓的吸附不完全。树脂到达穿透点时流经的液体床层减小，同时树脂达到吸附平衡时床层数也减小，且树脂的平衡吸附容量明显降低，树脂对镓的吸附率降低，因此确定动态吸附过程中液体流速最佳为 2.5 BV/h。

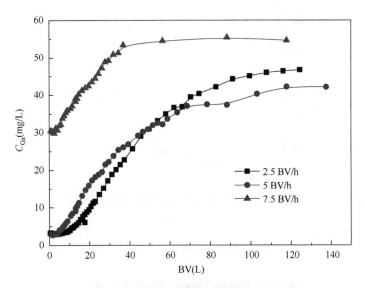

图 5.42　吸附流出液中镓浓度与床层变化关系[169]

**表 5.9　吸附过程中不同参数值**[169]

| 参数 | 数值 | | |
|---|---|---|---|
| 液体流速（BV/h） | 2.5 | 5.0 | 7.5 |
| 平衡浓度（mg/L） | 46.7 | 42.2 | 54.5 |
| 穿透点（BV） | 11.75 | 5.73 | 0.00 |
| 饱和床层数（BV） | 120 | 85 | 30 |
| 吸附容量（g/L） | 2.16 | 1.68 | 1.07 |
| 吸附率（%） | 33.8 | 26.0 | 16.6 |

**2. 高初始镓浓度溶液的动态吸附实验**

将碱浓度为 5 mol/L 的含镓溶液的初始镓浓度增加至 400 mg/L，50℃下用蠕动泵将模拟溶液以 2.5 BV/h 的流速自下而上穿过树脂柱，树脂对高浓度镓溶液的吸附效果如图 5.43 和表 5.10 所示。增大溶液镓初始浓度，树脂到达穿透点所需床层数增加，溶液穿透树脂达到平衡的时间延长，同时到达平衡时床层数增大，相比于镓浓度为 50 mg/L 的动态吸附实验，树脂对高浓度镓的吸附容量要大，相应吸附率相对增大。

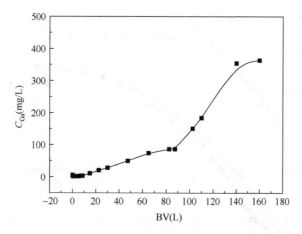

图 5.43  树脂对高浓度镓溶液的吸附结果[169]

**表 5.10  树脂对不同初始镓浓度吸附参数[169]**

| 平衡浓度（mg/L） | 穿透点（BV） | 平衡床层数（BV） | 吸附容量（g/L） | 吸附率（%） |
| --- | --- | --- | --- | --- |
| 46.7 | 11.75 | 120 | 2.16 | 33.8 |
| 363.4 | 36 | 140 | 35 | 61.8 |

### 3. 淋洗液浓度对淋洗效果的影响

通常采用硫化钠和氢氧化钠的混合溶液作为吸附饱和树脂的淋洗液，实验中分别改变氢氧化钠和硫化钠的浓度组成，在 50℃ 条件下，淋洗液以 2 BV/h 的流速穿透树脂，不同浓度比例的淋洗液对吸附饱和树脂的淋洗效果如图 5.44 和

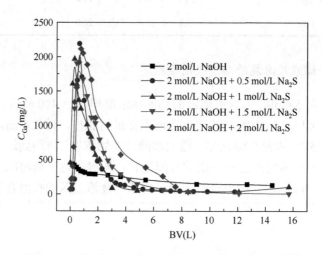

图 5.44  硫化钠淋洗液对吸附饱和树脂的淋洗效果[169]

图 5.45 所示。图 5.46、图 5.47 为不同淋洗液组成在淋洗过程高浓段和整体镓的淋洗量变化。淋洗流出液中的镓浓度随淋洗床层数的增大呈先增大后降低的趋势，浓度变化过程较快。单独以硫化钠溶液或氢氧化钠溶液对吸附饱和树脂进行淋洗，淋洗出的镓浓度均较低，因此氢氧化钠或硫化钠不能单独作为淋洗液达到吸附饱和树脂的淋洗目的，须将两者结合起来才能达到较好的淋洗效果。由整体镓的淋洗量和高浓段镓的淋洗量可知，淋洗液组成为 2 mol/L NaOH 和 2 mol/L Na$_2$S 淋洗效果最好。

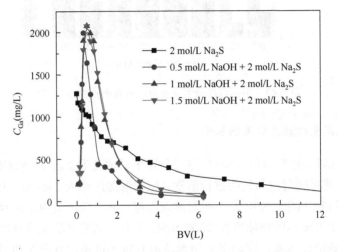

图 5.45　氢氧化钠淋洗液对吸附饱和树脂的淋洗效果[169]

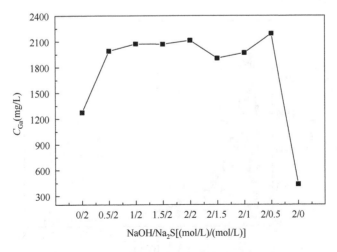

图 5.46　不同组成淋洗液淋洗出最高镓浓度变化[169]

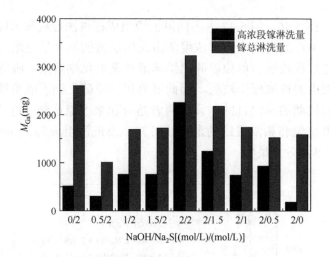

图 5.47　不同淋洗液组成在淋洗过程淋洗量变化[169]

#### 4. 淋洗温度对淋洗效果的影响

分别在 25℃、35℃、45℃、50℃、55℃条件下以浓度为 2 mol/L NaOH 和 2 mol/L Na$_2$S 的淋洗液对吸附饱和树脂进行淋洗，控制淋洗流速为 2 BV/h，由温度对淋洗效果的影响可知（图 5.48），升高树脂淋洗温度，淋洗流出液中最高镓浓度逐渐增大，但整体上淋洗出的镓浓度在 2000 mg/L 左右，温度对淋洗效果的影响不太显著，综合考虑能耗成本，常温下采用淋洗液对饱和树脂进行淋洗即可达到较好的淋洗效果。

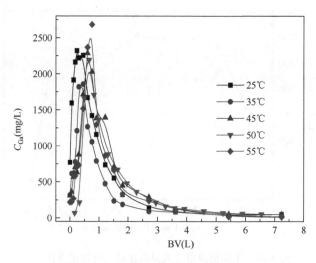

图 5.48　不同温度下淋洗液对吸附饱和树脂的淋洗效果[169]

### 5. 淋洗流速对淋洗效果的影响

室温下以浓度为 2 mol/L NaOH 和 2 mol/L Na₂S 的淋洗液对吸附饱和树脂进行淋洗，改变淋洗流速为 1 BV/h、2 BV/h、3 BV/h、4 BV/h，不同淋洗流速对吸附饱和树脂的淋洗效果如图 5.49 所示。淋洗流出液中镓浓度随淋洗床层的增大而增加。增大淋洗液流速，淋洗液中镓浓度达到最大时所需淋洗床层数减小，在淋洗流速为 3 BV/h 时，淋洗液对吸附饱和树脂淋洗效果最好。

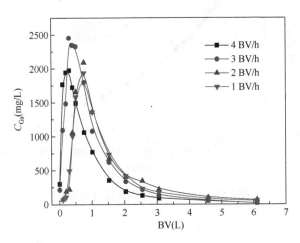

图 5.49　不同淋洗流速对吸附饱和树脂的淋洗效果[169]

### 6. 动态吸附动力学线性拟合

对动态吸附过程进行 Thomas 和 Yoon-Nelson 动力学模型拟合，图 5.50 为 Thomas 模型实际吸附曲线与拟合曲线图，图 5.51 和图 5.52 分别为 Thomas 和 Yoon-Nelson

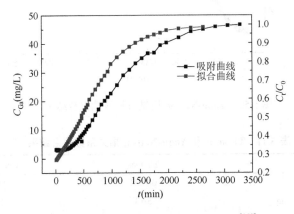

图 5.50　Thomas 模型非线性拟合结果[169]

线性拟合结果，实际吸附过程中树脂达到吸附平衡时所需时间比理论上要大，计算得到树脂实际吸附容量小于理论值但比较接近。Thomas 和 Yoon-Nelson 拟合得到的相关系数相当，但通过吸附容量比较可知，Thomas 对树脂吸附镓的行为拟合较好（表 5.11）。

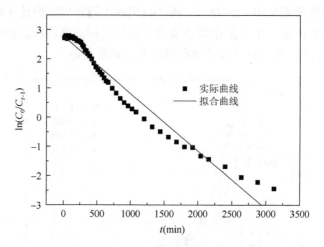

图 5.51　Thomas 模型线性拟合结果[169]

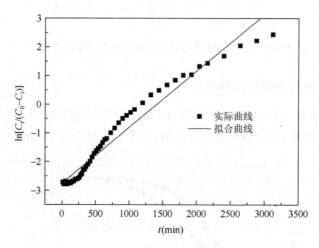

图 5.52　Yoon-Nelson 模型方程线性拟合结果[169]

表 5.11　Thomas 和 Yoon-Nelson 相关系数拟合结果[169]

| 模型 | Thomas | Yoon-Nelson |
|---|---|---|
| $R^2$ | 0.9624 | 0.9624 |
| $Q_0$ 实际值（mg/g） | 3.13 | 3.13 |
| $Q_0$ 拟合值（mg/g） | 3.92 | 1.3 |

## 7. 实际溶出母液提镓验证

某高铝粉煤灰提取氧化铝示范工程现场产生的种分母液中主要元素含量如表 5.12 所示。

表 5.12　现场溶液化学组成

| 溶液 | 种分母液 | 碳分母液 |
| --- | --- | --- |
| Na（g/L） | 134.9 | 83.88 |
| Al（g/L） | 39.3 | 11.12 |
| Ga（mg/L） | 52.53 | 30.7 |
| V（mg/L） | 0.875 | 0 |
| Mo（mg/L） | 12.775 | 10.7 |

本工艺采用固定床吸附塔,由于装置运行过程中现场种分母液中镓浓度较低,仅为 0.03 g/L 左右,因此吸附过程完全穿透时间较设计值大幅度增加,约为 72 h（140 床层）,Boltzmann 拟合结果显示（图 5.53）,吸附塔后流出液的浓度起始值为 $6.26 \times 10^{-4}$ g/L,接近于零,表示完全吸附;吸附塔流出液中镓的最终浓度为 0.027 g/L 左右,达到进塔镓浓度的 80%～85%,基本吸附饱和。整体吸附过程镓提取率大于 50%,母液中其他组分浓度基本不变,表明吸附树脂对镓具有极强的选择吸附性能。

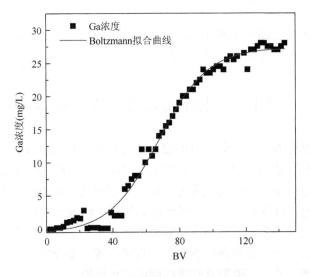

图 5.53　吸附曲线及 Boltzmann 拟合

对于淋洗过程，本工艺采用硫化钠与氢氧化钠混合溶液作为淋洗剂进行淋洗。淋洗剂用量为 3 床层，其中第二床层流出液作为高浓富集液进入蒸发工序，第一、第三床层作为低浓富集液返回原料调配工段配制淋洗液，淋洗过程镓的洗脱率为 77%，最大富集浓度达 1.7 g/L。由于母液中镓含量较低，树脂处理量大，因此随吸附周期的增加，树脂吸附循环性能降低，淋洗曲线出现拖尾、解析效率低现象。进一步提高硫化钠的浓度以保证淋洗效率，不同淋洗液配比条件下的淋洗曲线见图 5.54。

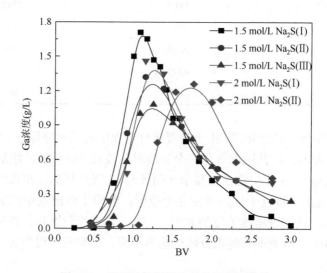

图 5.54　不同淋洗液配比条件下淋洗曲线

本技术可大幅提高富集液镓浓度，并取消工艺中能耗最高的蒸发工序，对于镓浓度较低的粉煤灰提取氧化铝工艺具有良好的适用性。

## 5.4　伴生锂元素富集提取技术

近年来，锂电新能源产业呈现爆发式增长趋势，我国锂需求量大幅增加，但锂的对外依存度高达 70% 以上。高铝粉煤灰中含有约 100～300 mg/kg 的锂，具备协同提取的基本组成特点。前期研究表明，高铝粉煤灰中的锂主要以玻璃体的形式存在于非晶态铝硅酸盐中，在稀碱预脱硅过程中约 60% 的锂进入脱硅液，并经多次循环后实现初步富集。本节首先对高铝粉煤灰预脱硅过程中锂的浸出行为进行阐述，明确其在不同反应条件下的浸出规律；进一步介绍了固相法合成锰系离子筛的研究进展，并对其吸附及脱附性能进行了评价。

### 5.4.1　锂在高铝粉煤灰预脱硅过程的浸出规律研究

本节研究了预脱硅过程锂的浸出规律，重点考察了预脱硅条件（反应时间、反应温度、碱浓度和液固比）对锂的浸出过程的影响。研究了锂在预脱硅过程的浸出动力学，考察了温度、碱浓度、搅拌转速、高铝粉煤灰粒径对锂的浸出速率的影响，明确了锂的浸出控制过程、表观活化能和反应级数。

#### 1. 预脱硅条件对锂的浸出影响

由反应温度对锂、硅的浸出影响可知（图 5.55），随着反应温度的升高，锂、硅的浸出率同时增大。当温度升高到 95℃时，锂、硅的浸出率达到最高，分别为79.00%、32.22%。反应温度的升高增加了高铝粉煤灰中玻璃相的溶解速率，导致脱硅液中锂、硅浓度的升高。较优的反应温度为 95℃。

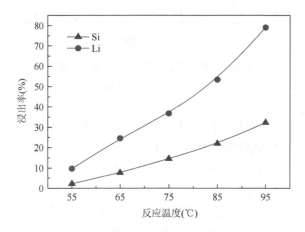

图 5.55　锂硅的浸出率随反应温度的变化[108]

时间 90 min、液固比 4 mL/g、碱浓度 200 g/L

图 5.56 考察了预脱硅时间对锂、硅浸出率的影响，结果表明：反应时间小于90 min 时，随着反应时间的增长，锂、硅的浸出率不断增加；当反应时间为 90 min时，锂、硅的浸出率分别达到了 79.00%、32.22%。反应时间达到或超过 120 min时，硅的浸出率略有减低、锂的浸出率变化不大。

高铝粉煤灰预脱硅过程的主要反应是反应式（5.7）和式（5.8），同时伴随着副反应式（5.9）的发生。随着预脱硅过程的进行，脱硅液中碱液浓度逐渐下降，铝、硅浓度不断增高；反应式（5.7）和式（5.8）的反应速率逐渐降低，同时反应式（5.9）的反应速率逐渐增高；直到反应式（5.7）和式（5.8）速率低于反应式（5.9）的反应速率时，脱硅液中硅的浓度开始降低。可以推断，在 120 min 时脱硅液中硅的浓度降低是因为反应式（5.7）和式（5.8）的反应速率低于反应式（5.9）的反应速率。在反应 120 min 及以后时，锂的浸出率变化不大，可能是副产物沸石附着在高铝粉煤灰颗粒表面，吸附了部分锂，当锂的浸出和吸附过程达到动态平衡时，锂的浸出率不再改变。因此，较优的反应时间为 90 min。

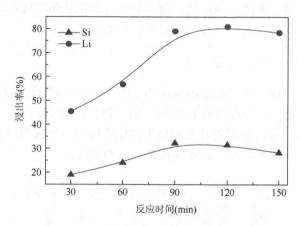

图 5.56　锂硅的浸出率随反应时间的变化[108]

温度 95℃、液固比 4 mL/g、碱浓度 200 g/L

$$SiO_2(amorphous) + 2OH^- \rightleftharpoons SiO_3^{2-} + H_2O \tag{5.7}$$

$$Al_2O_3(amorphous) + 2OH^- \rightleftharpoons 2AlO_2^- + H_2O \tag{5.8}$$

$$8Na^+ + 6Al(OH)_4^- + 6SiO_3^{2-} \rightleftharpoons Na_8Al_6Si_6O_{24}(OH)_2(H_2O)_2 + 4H_2O + 10OH^- \tag{5.9}$$

图 5.57 显示了液固比对预脱硅过程中锂、硅浸出率的影响。当液固比从 2 mL/g 增大到 6 mL/g 时，锂、硅的浸出呈增大的趋势。相比反应温度和反应时间的影响，液固比对锂、硅的浸出率影响不大。当液固比为 6 mL/g 时，锂、硅的浸出率分别在 81%、35%左右。液固比越大，脱硅液中浸出的铝、硅的浓度越低，越有利于预脱硅正反应方向的进行，不利于预脱硅副反应方向的进行，因此增大液固比有利于提高硅、锂的浸出率。考虑到铝硅比过大将增加实际生产的能耗，因此较优的液固比为 4~5 mL/g。

图 5.58 显示了碱浓度对预脱硅过程中锂、硅浸出率的影响。当碱浓度从 100 g/L 增大到 300 g/L 时，硅的浸出率先增加后降低。在碱浓度为 200 g/L 时，脱硅率出现最大值 32%左右。当碱浓度从 100 g/L 增加到 200 g/L 时，锂的浸出率逐渐增大；当碱浓度继续增大至 300 g/L 时，锂的浸出率基本不变。在一定范围内，碱浓度的增加促进了玻璃相的溶解，因此硅和锂的浸出率提高。当碱浓度增加达到一定程度，即大于 200 g/L 时，高浓度的碱促进了预脱硅过程副反应的进

行，导致脱硅率有所下降。附着在高铝粉煤灰颗粒表面的沸石类副产物可能阻碍了锂的浸出，导致在高浓度碱脱硅条件下锂的浸出率不会继续增加。因此较优的碱浓度为 200 g/L。

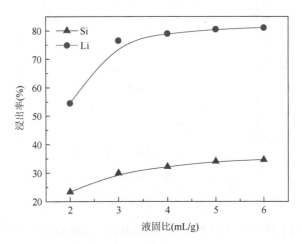

图 5.57　锂硅的浸出率随液固比的变化[108]

温度 95℃、反应时间 90 min、碱浓度 200 g/L

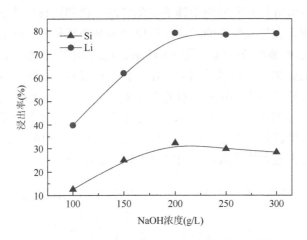

图 5.58　锂硅的浸出率随 NaOH 浓度的变化[108]

温度 95℃、时间 90 min、液固比 4 mL/g

通过预脱硅条件考察与分析，较优的预脱硅条件为：反应温度 95℃、反应时间 90 min、液固比 5 mL/g、碱浓度 200 g/L；在此条件下，锂的浸出率为 80.53%。

为了考察预脱硅过程硅和锂的浸出率关系，对不同预脱硅条件下硅和锂的浸出率进行了线性拟合（图 5.59）。结果表明：硅和锂的浸出率线性拟合度高达 0.972，说明二者具有显著的正相关关系。在碱溶解粉煤灰玻璃相的过程中，存在于玻璃相中的活性硅和锂同时浸出到液相，因此硅、锂的浸出率具有显著的正相关性。

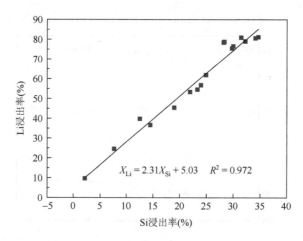

图 5.59　预脱硅过程中锂、硅的浸出率之间的线性关系[108]

### 2. 脱硅液中锂的富集规律

考察循环预脱硅过程脱硅液中锂的富集情况、锂的迁移转化规律可为锂的分离提供基础数据，良好且稳定的脱硅和苛化效果是循环预脱硅稳定进行的基础。

图 5.60 显示了循环预脱硅过程中脱硅率、脱硅粉煤灰的铝硅比、苛化过程硅的转化率和锂的损失率。可以看出，在循环预脱硅过程中脱硅率变化不大，维持在 30%左右，脱硅粉煤灰的铝硅比稳定在 1.8～1.9 之间，该结果与文献报道的预脱硅结果相似，说明预脱硅效果良好。苛化过程中硅的转化率处于 91%～96%之间，说明苛化效果较好。苛化过程中锂的损失率处于 8%～16%之间，因此苛化产品中携带的部分锂也是脱硅液中锂浓度逐渐恒定的原因。

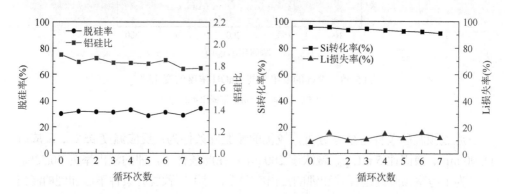

图 5.60　脱硅和苛化过程效果分析[108]

## 5.4.2　碱性体系溶液中锂的富集分离研究

### 1. 锰系离子筛的固相合成及分析

锰系离子筛的固相反应合成：以 $Li_2CO_3$ 与 $MnCO_3$ 为原料，按照不同的 Li/Mn 摩尔比分别加入无水乙醇中，在 120℃、静态空气中干燥 12 h 后，在 400℃ 静态空气中焙烧 24 h 获得 $Li_4Mn_5O_{12}$ 前驱体。

通过固相法可合成 $Li_{1.33}Mn_{1.67}O_4$ 锰系离子筛前驱体（图 5.61）。杂相为未反应完的 $Li_2CO_3$，在酸洗制备离子筛时即可除去。前驱体 $Li_{1.33}Mn_{1.67}O_4$ 系立方晶系尖晶石结构，空间群为 $Fd3\text{-}m$，其中 Li 占据 $8a$ 与 $16d$ 位点，Mn 占据 $16d$ 位点，O 占据 $32e$ 位点。

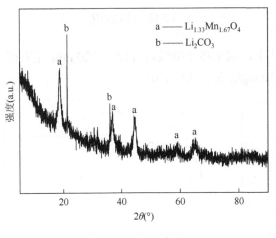

图 5.61　XRD 表征

锰系离子筛前驱体中 Li/Mn 为 0.70，属于富锂锰系材料，比理论 Li/Mn 略小（表 5.13）。表中数据为酸洗活化、吸附及动态吸附/脱附等考察实验提供了数据支持。

**表 5.13　化学组成**

| 前驱体 | Li（mg/g） | Mn（mg/g） | Li/Mn |
| --- | --- | --- | --- |
| $Li_{1.33}Mn_{1.67}O_4$ | 41.737 | 471.153 | 0.70 |

### 2. 锰系离子筛提锂性能考察

在设定的条件下，锰系离子筛前驱体酸洗活化过程在 2 min 左右即可达到反应平衡状态，Li 脱附率在 90%以上，Mn 溶损率在 4.5%左右（图 5.62）。

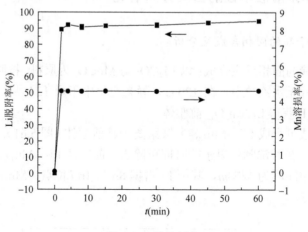

图 5.62　酸洗活化

在设定的条件下，锰系离子筛吸附过程在 120 min 左右即可达到反应平衡状态，Li 吸附量在 30 mg/g 左右（图 5.63）。

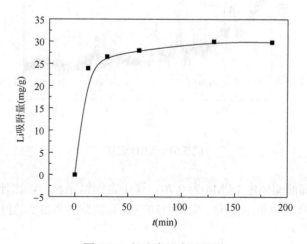

图 5.63　低浓度锂离子吸附

负载树脂在 400～500℃会发生很强的吸热反应，失重在 22%左右，而在 600℃以后，负载树脂的热重与热差图示无明显变化（图 5.64），因此可以设定树脂的烧失温度为 600℃；在该烧失温度处理负载树脂后，对熔渣进行了化学组成分析（表 5.14），结合粉体的化学组成分析，可以得出负载树脂的负载率为 9.4%。

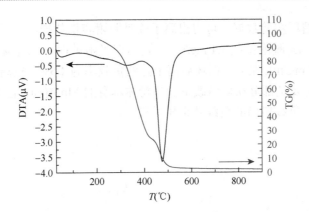

图 5.64　TG-DSC 表征

**表 5.14　负载率**

| 样品 | Li(mg/g) | Mn(mg/g) | 负载率 |
|---|---|---|---|
| 前驱体粉体 | 41.737 | 471.153 | — |
| 负载树脂（前） | 2.379 | 44.463 | 9.4% |
| 负载树脂（后） | 0.927 | 21.326 | 4.5% |

### 3. 负载树脂动态吸附/脱附性能考察

一次吸附实验实际流速为 3.33 mL/min。由图 5.65 可以看出，90 min 左右动态吸附实现穿透。床层 Li 吸附量为 0.695 mg/mL，Mn 溶损量为 0.020 mg/mL。清洗至 pH = 8 时所需水量为 2.9 BV。一次脱附实验实际流速为 3.33 mL/min。反应在 0～20 min 内充分进行，40 min 内动态脱附实现穿透。床层的 Li 脱附量为 0.458 mg/mL，Mn 溶损量为 0.830 mg/mL。清洗至 pH = 6 所需水量为 2 BV。

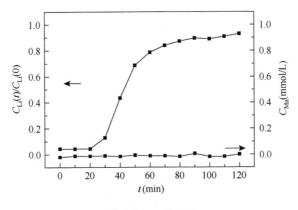

图 5.65　一次吸附

　　综合五组循环实验数据，可得出离子筛吸脱附容量数据，离子筛前驱体在酸洗活化过程中，Li 脱附量在 1.1 mg/mL，随后在吸附过程中 Li 吸附量有所降低，最终稳定于 0.7 mg/mL 左右。循环后离子筛的负载率为 4.5%，较离子筛前驱体有所下降，原因主要是部分粉体负载不稳与粉体本身的 Mn 溶损，但从稳定的 Li 吸附量数据上看，负载树脂的负载效果相对稳定。

# 第6章

# 高铝粉煤灰非晶态二氧化硅高值化利用进展

高铝粉煤灰中非晶态二氧化硅含量高达 40%，可通过温和方法分离制备硅基材料，资源化利用前景较为广阔。高铝粉煤灰中的非晶态二氧化硅通常采用强碱性溶液预脱除，从而实现材料铝硅比提升，有助于减小对后续工艺的影响和整体工艺的能耗物耗。然而，预脱硅过程会产生大量的高碱性低模数含硅溶液，其性质组分比较复杂，难以得到有效利用，成为制约高铝粉煤灰整体资源化利用的瓶颈。因此，高碱性含硅溶液中硅资源的分离转化，不仅能实现硅质资源的高效消纳利用，同时可实现碱性介质的再生循环回用，是大幅提高高铝粉煤灰利用效率的关键。

高铝粉煤灰非晶态二氧化硅资源化利用的总体思路如图 6.1 所示。本章针对含硅溶液的资源化利用问题，分析了含硅溶液中的物质组成和性质；基于不同种类脱硅液的性质，分别开展了硅酸钙和分子筛材料的制备研究；从两大类材料的制备工艺、结构特性及应用性能等方面，系统阐述了高碱低模数含硅溶液的规模化与高值化利用方法，从而为高碱性含硅溶液的利用提供参考，为高铝粉煤灰的资源化利用整体工艺流程提供支撑。

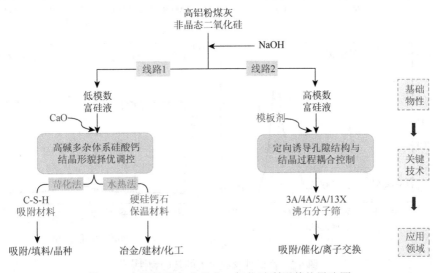

图 6.1　高铝粉煤灰非晶态二氧化硅利用整体思路图

## 6.1 DSS 高碱性含硅溶液制备硅酸钙材料技术

高碱性含硅溶液（DSS）资源高值化利用十分重要，溶液的基础物理化学性质直接决定利用方案与产品品质，该溶液的组成结构分析如图 6.2 所示。高碱性含硅溶液的主要成分为低模数硅酸钠、氢氧化钠以及少量铝、钙、铁等杂质，溶液的 pH 值和碱度分别在 13.0 和 3.8 mol/L 以上，模数低于 3.0。根据高碱性含硅溶液的红外谱图，波数 928 cm$^{-1}$、拉曼谱图位移 794 cm$^{-1}$ 以及 $^{29}$Si MAS NMR 核磁谱图化学位移−72 ppm 等相关分析的峰位置可知，溶液中的硅组分主要是以 Si(O$^-$)$_4$(Q$^0$)的单体形式存在；同时，溶液中少量硅组分以 Q$^1$、Q$^2$ 以及 Q$^4$ 等多聚体形式存在。根据其基本物性特点，高碱性含硅溶液是用于制备硅酸钙、分子筛等系列硅基材料的良好原料。

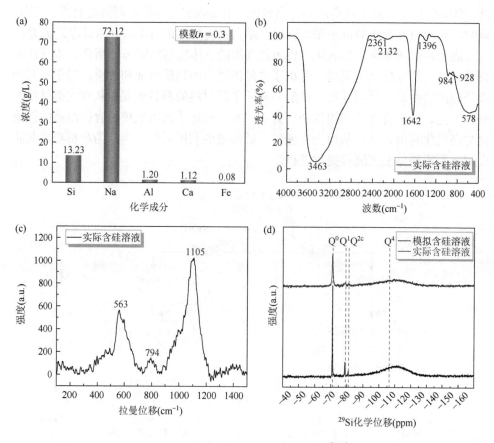

图 6.2  高碱性含硅溶液的基础物性[172]

### 6.1.1　硅酸钙材料概述

硅酸钙是一种无机化合物，它是 $CaO\text{-}SiO_2\text{-}H_2O$ 系统中存在的三元化合物统称，组成较为复杂，钙与硅摩尔比（Ca/Si）可在 0.5～3.0 间变化，已报道的硅酸钙超过 30 种。硅酸钙材料传统合成过程由氧化硅和氧化钙及水按一定比例混合后进行水热反应生成硅酸钙微晶料浆，经过滤、洗涤、干燥制得。由于合成工艺条件的不同，产品结晶形态各异，从而导致用途存在明显差异，目前主要用于建筑材料、保温材料、耐火材料、涂料的体质颜料及催化剂载体等诸多方面。在工业中应用较多的硅酸钙材料主要包括无定形水合硅酸钙（C-S-H）、托贝莫来石以及硬硅钙石等[173]。

### 6.1.2　C-S-H 材料的合成与应用

C-S-H 是一种低温下形成的无定形硅酸钙，是水热制备托贝莫来石过程中间产物，具有高度变形的类托贝莫来石或类羟基硅钙石结构，因其具有高度的长程无序性，结构至今尚未被彻底了解。C-S-H 比表面积大、内部微孔结构发达，可代替活性炭作为廉价吸附剂用于废水处理[174]；C-S-H 无机粉体还可作为填充材料加入到塑料、橡胶中，有助于降低生产成本并改善产品性质[175]；此外，无定形水合硅酸钙还被用作造纸填料，并在纸张中体现出较好的应用性能[176]。

#### 1. C-S-H 的合成工艺

为确保硅资源的利用效率和碱介质的回收率，活性钙源温和苛化法制备硅酸钙是一种常规且简易的工艺方法，其整体的工艺流程如图 6.3 所示。高铝粉煤灰在碱性溶液作用下，非晶态二氧化硅会活化解聚与深度分离，产生高碱性的含硅溶液，向该溶液中加入预先熟化的石灰乳，经过温和苛化过程后可合成水合硅酸钙微粉；苛化反应结束时，固液分离的苛化母液可经过浓缩循环回用至前端高铝粉煤灰的脱硅工段。因此，高碱性含硅溶液合成水合硅酸钙材料，可实现高铝粉煤灰非晶态硅利用与碱介质高效循环，在此过程中，苛化时间、反应温度、钙硅比是影响水合硅酸钙合成的关键制约因素。

不同苛化时间对含硅溶液苛化合成 C-S-H 的各项指标影响规律如图6.4所示。随着苛化时间的延长，硅转化率呈现先增加后稳定的趋势，在 3 h 后基本稳定在 97.49%左右。同时，C-S-H 产品产量也随苛化时间增加而呈现先上升后基本稳定的趋势，且苛化时间在 3 h 后产品产量基本稳定在 75.35 g/L 的含硅溶液。在含硅溶液苛化合成 C-S-H 时，适当延长苛化时间有利于活性硅酸根与钙离子发生充分的化学反应。另一方面，C-S-H 滤饼的含水率随苛化时间增加而呈缓慢上升变化，但含水率基本低于 66.0%，说明随苛化时间的延长，C-S-H 产品可能会由相对密实的孔道结构转变为一种具有较高比表面积的疏松多孔结构，造成 C-S-H 产品的吸水率增加。因此，综合考虑硅转化率、产品产量以及滤饼含水率等指标，含硅溶液苛化合成 C-S-H 的最佳苛化时间为 3 h。

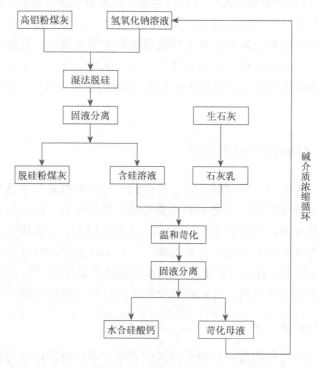

图 6.3　高碱性含硅溶液合成 C-S-H 工艺流程图

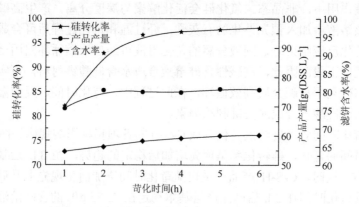

图 6.4　不同时间对含硅溶液苛化合成硅酸钙的影响

不同苛化温度对含硅溶液苛化合成 C-S-H 的各项指标影响规律如图 6.5 所示。随着苛化温度的逐渐升高，硅转化率呈现明显增加趋势且在 80℃ 以上稳定在 96.66% 左右，而在温度低于 60℃ 时的硅转化率均处于较低水平。同时，产品产量也随着苛化温度的升高呈现增加趋势，且在较高温度下稳定在 77.47 g/L 的含硅溶液。这表明提高苛化温度有利于含硅溶液中硅酸根离子与钙离子反应活性，促使含硅溶液中的硅资源得到有效分离和利用。另外，C-S-H 产品滤饼含水率随苛化温度的升高呈现先增加后略微降低的变化趋势，且在 80℃ 以上基本稳定在 69.37% 左右。这表明随着苛化温度的升高，C-S-H 产品变得更加疏松多孔，并容易在苛化结束伴随大量的自由水，从而严重影响了后续的干燥过程，特别是在实际的工程应用处理过程中。因此，综合考虑硅转化率、产品产量以及滤饼含水率等指标，含硅溶液苛化合成 C-S-H 的最佳苛化温度为 80℃。

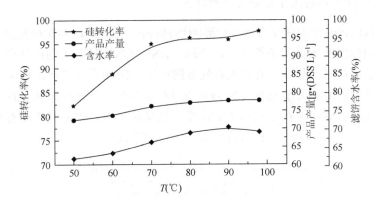

图 6.5 不同温度对含硅溶液苛化合成硅酸钙的影响

不同 Ca/Si 摩尔比对含硅溶液苛化合成 C-S-H 的各项指标影响规律如图 6.6 所示。随着 Ca/Si 摩尔比的增加，硅转化率开始时迅速增加，当 Ca/Si 摩尔比大于 1.25：1 时，硅转化率稳定在 97% 左右，在 2.0：1 时高达 99%。这表明在较高的钙添加量下，含硅溶液中大部分硅资源有效反应结晶并得到目标产品。但在较低的 Ca/Si 摩尔比（＜1.0：1）下，硅转化率却不到 90%，硅资源未能得到充分利用。在苛化过程中，水合硅酸钙产品产量基本上随 Ca/Si 摩尔比的增加呈线性增长，在 2.0：1 时可达到 108 g/L 的含硅溶液。说明在 C-S-H 合成过程中尽管产物是 C-S-H 与氢氧化钙的混合产物，但产品产量与含硅溶液中钙加入量有明显的正相关关系。此外，苛化产品滤饼含水率在低 Ca/Si 摩尔比时较高，当 Ca/Si 摩尔比超过 1.25：1 时逐渐下降，这是由于 C-S-H 的比表面积随 Ca/Si 摩尔比的增加呈现先增大后减小的变化，从而导致滤饼含水率会产生相应变化。因此，综合考虑硅转化率、产品产量以及滤饼含水率等指标，含硅溶液苛化合成 C-S-H 的最佳 Ca/Si 摩尔比为 1.25：1。

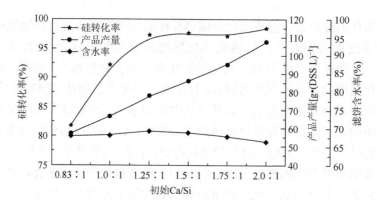

图 6.6 不同 Ca/Si 摩尔比对含硅溶液苛化合成硅酸钙的影响

## 2. 水合硅酸钙的化学组分与结构特性

在高碱性含硅溶液苛化合成水合硅酸钙材料时，Ca/Si 摩尔比是控制产品结构形貌与应用性能的最关键条件之一，不同 Ca/Si 摩尔比条件下的产品物相变化如图 6.7 所示。苛化产品中主要以水合硅酸钙物相（$2\theta$ 峰位在 29°、31° 和 50°）为主，伴有部分的 $Ca(OH)_2$ 物相（$2\theta$ 峰位在 18° 和 34°）。与水泥水化过程中的水合硅酸钙相比，含硅溶液在不同的 Ca/Si 摩尔比条件下时，产品几乎没有水钙铝榴石的衍射峰，主要原因在于铝浓度和工艺条件的不同。

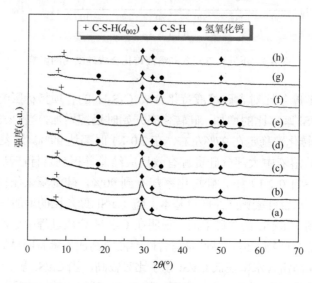

图 6.7 不同 Ca/Si 摩尔比苛化产物 XRD 谱图[177]

(a) 0.83∶1；(b) 1.00∶1；(c) 1.25∶1；(d) 1.50∶1；(e) 1.75∶1；(f) 2.00∶1；
(g) 1.25∶1，含铝高碱性含硅模拟溶液；(h) 1.25∶1，无铝高碱性含硅模拟溶液

水合硅酸钙材料的热稳定性转变过程（图 6.8）可分为以下四个阶段：

第一阶段：在加热温度 30～200℃范围内，主要发生水合硅酸钙的游离水、毛细管水以及羟基脱水。该阶段是材料的最主要失重阶段，占水合硅酸钙材料整个失重质量分数的 7%～10%；

第二阶段：在加热温度 350～500℃范围内，发生水合硅酸钙材料中的部分氢氧化钙组分脱羟基反应，物相向氧化钙转变；

第三阶段：在加热温度 600～700℃范围内，水合硅酸钙中较低结晶度的碳酸钙分解生成二氧化碳，该部分碳酸钙主要是在合成反应或干燥过程表面通过一定程度的碳化反应生成；

第四阶段：在加热温度高于 780℃时，水合硅酸钙发生了物相结构转变，最终生成 β-硅灰石稳定物相。

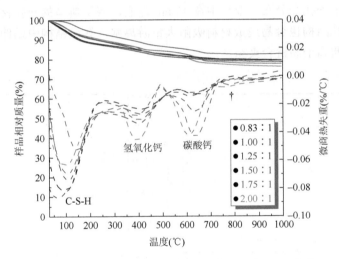

图 6.8　不同 Ca/Si 摩尔比苛化产物 TG-DTG 曲线图[177]

水合硅酸钙产品的典型微观形貌如图 6.9 所示，从中可以发现材料呈现多孔状结构，该结构会造成游离水与碱介质的大量夹带，原因主要在于以下几方面：

第一，水合硅酸钙中片状堆叠形成的疏松多孔蜂窝状团聚小球结构，容易吸附大量的自由水和杂质碱离子；

第二，团聚小球结构相互黏附结合形成了大块状颗粒物质，增加了碱和水的洗涤分离难度；

第三，大块颗粒状物质的外表会形成一层包覆膜结构诱导颗粒形成整体结构。

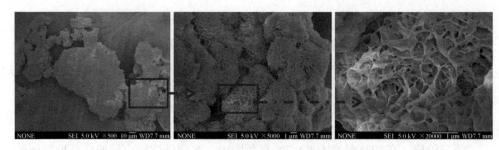

图 6.9　典型水合硅酸钙 FE-SEM 微观形貌图[173]

　　水合硅酸钙材料孔结构分布如图 6.10 所示。高碱性含硅溶液在温和苛化过程制备的水合硅酸钙材料的吸脱附曲线属于 H3 型的回滞环等温线，其孔结构不完整，存在平板狭缝、裂缝、楔形缝等多种孔结构。含硅溶液温和苛化合成的水合硅酸钙材料平均孔径分布主要集中在 19 nm 左右，属于典型的介孔材料结构，其多种类型的孔结构也容易造成材料吸附大量游离水，孔道结构中延伸的价键结构也会使得杂质离子易键合夹杂。

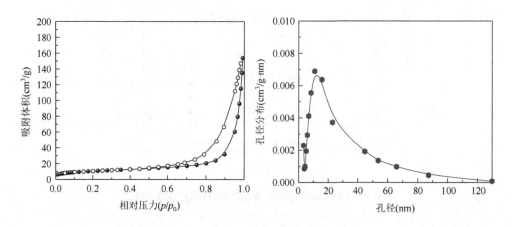

图 6.10　典型水合硅酸钙孔结构分布图

　　水合硅酸钙材料的 $^{29}$Si MAS NMR 核磁谱图如图 6.11 所示。材料结构中的硅组分化学环境主要为：①硅酸盐链末端位（$Q^1$，−79.4 ppm）；②硅酸盐链间成对的 $SiO_4$ 四面体（$Q_p^2$，−85.3 ppm）；③硅酸盐链中桥联 $SiO_4$ 四面体（$Q_b^2$，−83.4 ppm）；④以氢键与另一个硅酸盐链桥联硅四面体相连的桥联四面体（$Q_u^2$，−88.5 ppm）。高碱性含硅溶液中存在部分铝组分容易掺杂进入水合硅酸钙材料中，取代硅酸盐链状结构中的桥联 $SiO_4$ 四面体，形成第五种取代型的桥联 $AlO_4$ 四面体[$Q^2$(1Al)，−81.7 ppm]。相比于低碱性或无碱性合成体系研究中合成的水合硅酸钙材料，高碱性含硅溶液合成的水合硅酸钙硅原子环境化学位移会发生 1~3 ppm 的向左偏移，主要原因在于水合硅酸钙中的部分 Ca 原子被 Na 原子所取代，其中 Ca 原子和 Na 原子因电负性的差异，Ca 原子对 Si 原子的屏蔽能力强于 Na 原子和质子。

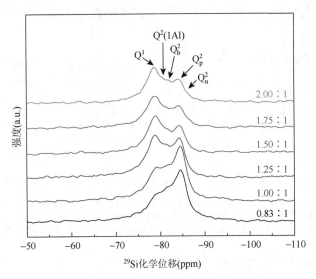

图 6.11　不同 Ca/Si 摩尔比苛化产物 $^{29}$Si MAS NMR 核磁谱图[177]

　　采用密度泛函理论对低 Ca/Si 摩尔比和高 Ca/Si 摩尔比条件下合成的水合硅酸钙进行了原子尺度结构模拟计算，结果如图 6.12 所示。对于较低 Ca/Si 摩尔比的水合硅酸钙（简称 LC），水合硅酸钙结构是由较长的硅酸盐链组成的，Ca 主要与 Si—O 结合在氧化钙层中，只有少量的 Ca 存在于层间结构中，杂质 Na 主要存在于层间结构中，Al 取代桥联 Si 形成 AlO$_4$ 四面体。在 AlO$_4$ 四面体附近，Ca 原子靠近形成 Si—O—Ca，H$_2$O 被 Si—OH 基团吸引，置换取代现象导致整个 AlO$_4$ 四面体中存在过量负电荷，从而吸引 Na 原子更易接近 AlO$_4$ 四面体[图 6.12（a1）]；另外，H$_2$O 与 Si—O 之间的距离很短并形成了 Si—OH 结构。由于去质子化效应存在，Na 主要以 Si—O—Na 的形式存在于 LC 中[图 6.12（a3）]，而在 LC 中只有少量的 Na—OH，所以低 Ca/Si 摩尔比合成水合硅酸钙时夹杂的碱介质 Na 较高。

　　另一方面，高 Ca/Si 摩尔比合成的水合硅酸钙（简称 HC）主要由较短的硅氧四面体链组成，较大的钙加入量使其不仅存在于主氧化钙层中[图 6.12（b2）]，而且会同时赋存于硅氧四面体链状结构的层间夹层中[图 6.12（b3）]。二聚体中层间 H$_2$O 接近 Si—O 形成 Si—OH，层间 Ca 比 Na 更接近 H$_2$O 离解形成的 OH，导致 HC 中的 Na 原子主要以游离 Na 的形式存在于层间结构，而与 Si—O 结合量较少，所以高 HC 中夹杂的碱介质 Na 较低。

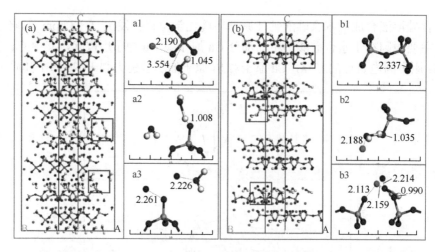

图 6.12　不同 Ca/Si 摩尔比水合硅酸钙凝胶优化结构分子模型图[177]

（a）低 Ca/Si 摩尔比 0.83∶1；（b）高 Ca/Si 摩尔比 1.25∶1；水合硅酸钙右侧子图 a1、a2、a3 和 b1、b2、b3 分别为图（a）和图（b）中从上到下的方框对应放大图。不同颜色球对应的分别是黄（Si）、红（O）、绿（Ca）、深蓝（Na）、天蓝（Al）、白（H）。扫描封底二维码可查看本书彩图信息

### 3. 水合硅酸钙的应用特性

高碱性含硅溶液合成的水合硅酸钙材料因具有蜂窝状多孔结构和较多的活性离子交换位点，可用于替代活性炭等用于重金属污染废水的净化处理，如图 6.13 和表 6.1 所示。水合硅酸钙材料对重金属离子 $Cu^{2+}$、$Zn^{2+}$ 和 $Cr^{3+}$ 分别在 15 min、30 min 和 5 min 时吸附性能良好然后达到平衡状态，平衡后 $Cu^{2+}$、$Zn^{2+}$ 和 $Cr^{3+}$ 的最大回收率分别为 99.95%、99.73% 和 99.65%，并且吸附母液中 $Cu^{2+}$ 与 $Zn^{2+}$ 残留浓度均能够达到 GB 8978—1996 相应的排放标准。

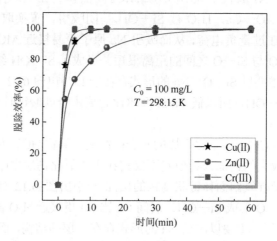

图 6.13　水合硅酸钙净化重金属废水动力学曲线[172]

表 6.1　不同国家重金属污染废水的部分离子可排放浓度对照表

| 污染物（mg/L） | USEPA 最高排放浓度 | WHO 最高排放浓度 | GB 8978—1996 | 水合硅酸钙的吸附母液浓度 | 吸附效率 |
|---|---|---|---|---|---|
| Cu | 1.3 | 2 | 0.5 | 0.05 | 99.95% |
| Zn | 5 | 3 | 2.0 | 0.27 | 99.73% |
| Cr | 0.1 | 0.05 | 1.5 | 0.35 | 99.65% |

### 6.1.3　硬硅钙石材料的合成与应用

硬硅钙石在冶金、化工、建材等行业的高温工业过程大量使用，是目前应用较广泛的硅酸钙绝热保温材料之一[178]。工业上使用的硬硅钙石绝热材料均为由纤维互相缠绕形成的半中空球体，这些球体直径十几至几十微米，外壳密实、内部晶体稀疏，被称为硬硅钙石二次粒子，具有良好的抗腐蚀性和耐久性，是制成极低导热系数和耐高温性能绝热材料的基本单元。

#### 1. 硬硅钙石的合成工艺

一般地，硬硅钙石材料合成的主要原料为石英与石灰石，在碱性水热体系下高温反应制备。高碱性含硅溶液中富含离子态的硅源，其高温水热法制备硅酸钙晶须的整体工艺过程与温和苛化制备水合硅酸钙基本一致，主要在反应温度、反应设备体系等方面存在较大差异，基本工艺过程如图 6.14 所示。高铝粉煤灰在高碱性溶液脱硅后，固液分离得到脱硅粉煤灰与高碱性含硅溶液，向高碱性含硅溶液中加入预熟化的石灰乳，并在密闭的高温高压条件下发生水热反应，浆体经固液分离、洗涤后，烘干的固相即为硬硅钙石产品，而水热母液可直接浓缩返回至前端的碱脱硅阶段，实现含硅溶液的高值化绿色循环利用。但上述过程中体系的钠含量较高，与传统水热制备硬硅钙石过程有较大区别，因此需要首先考察体系中的钠离子存在对硬硅钙石材料制备的影响规律。

不同的工艺条件对于硅酸钙晶须形貌，特别是长径比有较大影响，而晶须形貌变化的原因主要在于硅酸钙组成和晶型的改变，不同的硅酸钙晶型合成区间对于晶须的可控合成至关重要。不同的水热工艺条件下所制备的硅酸钙晶须与工艺条件的对应关系如图 6.15 所示。在水热温度为 180℃时，硅酸钙基本都是以无定形的 C-S-H 形式存在，原因在于 $Na^+$ 的存在会阻碍无定形的 C-S-H 向固定晶型的硅酸钙转变。在初始溶液中不额外添加 NaOH 时，硅酸钙的主要晶型是变针硅钙石（FOS）、托贝莫来石（TOB）、针钠钙石（PEC）和水硅钙石（HIL），并没有硬硅钙石（xonotlite，XON）的存在。传统水热合成体系中，水热反应的初始 Ca/Si 摩尔比为 1、水热温度大于 150℃时，硅酸钙会形成硬硅钙石的晶型。但是，在高碱性含硅溶液体系中，相同合成工艺条件下会生成变针硅钙石。这两种水热反应体系所制备的硅酸钙晶须的晶型不同，原因在于初始溶液的硅源为硅酸钠，在没有外加 NaOH 时，体系中 Na 浓度为 0.8 mol/L，钠组分影响了硅酸钙晶型的转变。

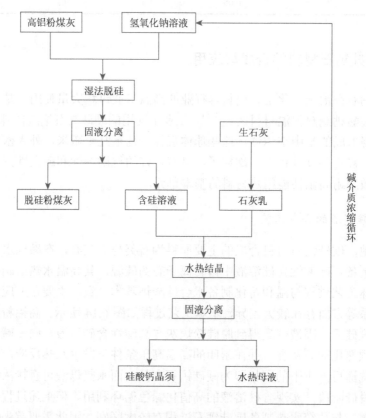

图 6.14 高碱性含硅溶液合成硬硅钙石工艺流程图

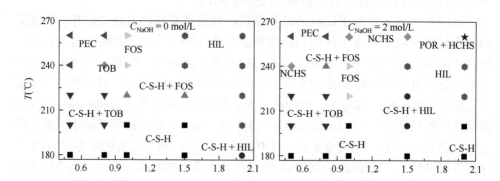

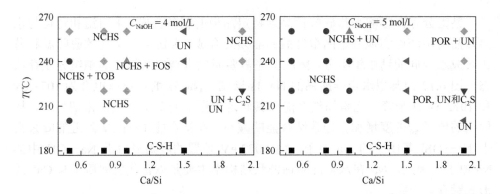

图 6.15　不同水热温度下合成的硅酸钙物相与合成工艺条件对应图[173]

C-S-H—水合硅酸钙，PEC—针钠钙石，FOS—变针硅钙石，HIL—水硅钙石，TOB—托贝莫来石，POR—氢氧化钙，$C_2SH$—硅酸二钙，NCHS—$NaCaHSiO_4$，UN—$Na_2Ca_3H_8Si_2O_{12}$

## 2. 硬硅钙石的化学组分与结构特性

在高碱性含硅溶液中，大量的钠组分存在会对水热体系合成硅酸钙晶须产生较大影响，不同钠组分对水热产品晶须的转变影响关系如图 6.16 所示。在不加入 NaOH 的近似中性体系中，硬硅钙石是主要的水热产物；随着 NaOH 的加入量逐渐增加，代表硬硅钙石（$\bar{1}12$）晶面的主峰逐渐减弱，而变针硅钙石（210）晶面的峰逐渐增强，表明变针硅钙石的量随着 NaOH 量的增加而增加，体系中 NaOH 的浓度为 0.5 mol/L 时，所得硅酸钙晶型主要为变针硅钙石，这说明体系中低浓度的 NaOH 存在就可以改变硅酸钙的组成和晶型。

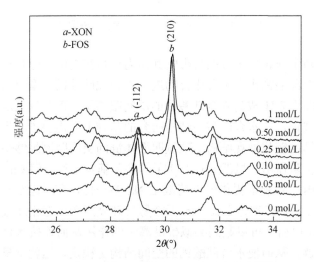

图 6.16　硅酸钙晶型随 NaOH 浓度变化图[179]

钠组分存在影响水热硅酸钙晶须特定晶型的制备合成，采用温和苛化与水热转晶两步法可实现特定晶型硅酸钙晶须的合成，关键点在于高效脱除温和苛化合成水合硅酸钙中钠组分，因此首先需要明确水合硅酸钙中的钠组分赋存状态。图 6.17 为典型水合硅酸钙的 Na 1s 谱图，Na 1s 的峰可以拟合为 1071 eV 和 1072 eV 两个峰，元素间结合能与其轨道周围的有效原子电荷密切相关，核周围的电子云密度增加会导致结合能的减小，在结合能 1071 eV 附近的峰来自于 Na—OSi 基团中的 Na 原子，而 1072 eV 位置的峰则来自于 Na—OH 中的 Na 原子。因此，$Na^+$ 在水合硅酸钙链状结构中主要是以替代层间质子和 $Ca^{2+}$ 的形式赋存。

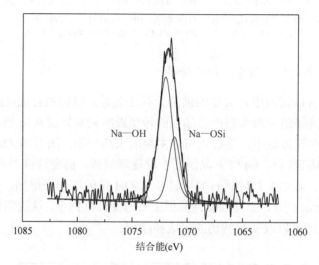

图 6.17　典型的水合硅酸钙 Na 1s 谱图[180]

水合硅酸钙中 $Na^+$ 含量过高会影响其作为填料在造纸及建材行业中的应用，同时会影响水合硅酸钙作为平台化合物进一步合成硬硅钙石型保温材料的晶型控制。$Na^+$ 代替 $Ca^{2+}$ 或 $H^+$ 成为水合硅酸钙的层间阳离子，而与硅氧四面体链结合，导致 $Na^+$ 大量残留，在水合硅酸钙结构研究的基础上，需要进一步控制其中钠含量。水合硅酸钙的链状微观结构中硅氧四面体链间层间距离足够小，因此需要考虑离子的空间位阻作用，虽然 $Ca^{2+}$ 与 $Na^+$ 的半径基本一致，但 $Ca^{2+}$ 具有两个正电荷，单位体积内 $Ca^{2+}$ 所能提供的电荷数比 $Na^+$ 多一倍，在考虑空间位阻和离子间作用力的前提下，$Ca^{2+}$ 理论上比 $Na^+$ 更容易与硅氧四面体链相连接；此外，由于 $Ca^{2+}$ 具有两个正电荷，可以起到类似桥键离子的作用从而连接水合硅酸钙中的两个硅氧四面体链，从而使水合硅酸钙的空间结构更稳定，这就给离子交换脱钠提供了理论上的可能性，其原理示意图如图 6.18 所示。

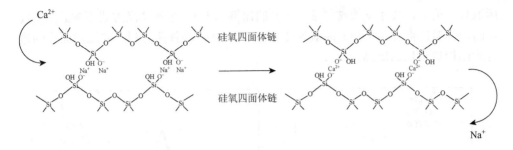

图 6.18　钙离子交换层间钠离子示意图[180]

基于离子交换过程，采用三级逆流洗涤工艺进行水合硅酸钙中钠组分脱除，结果如图 6.19 所示。每一次洗涤的过滤液均用于下次循环的上一步洗涤，即二次淋洗使用新鲜水，搅拌槽洗采用上一循环的二次淋洗滤液，一次淋洗采用上一循环搅拌槽洗的滤液，一次淋洗的滤液则和碱液直接循环。5 倍洗水条件下 6 次循环后，钠含量仍可降低至 0.35%。因此，三级逆流洗涤与离子交换工艺能够较好地去除水合硅酸钙中的层间结合钠组分。

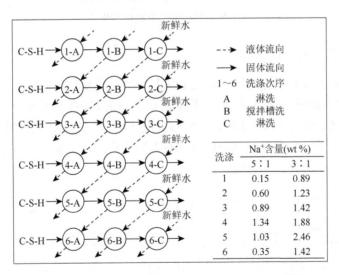

| 洗涤 | Na$^+$含量(wt %) | |
| --- | --- | --- |
| | 5∶1 | 3∶1 |
| 1 | 0.15 | 0.89 |
| 2 | 0.60 | 1.23 |
| 3 | 0.89 | 1.42 |
| 4 | 1.34 | 1.88 |
| 5 | 1.03 | 2.46 |
| 6 | 0.35 | 1.42 |

图 6.19　三级逆流洗涤脱钠的工艺和循环结果图[180]

离子交换与搅拌槽洗相结合的方式脱钠效果较为明显，对脱钠后的硅酸钙结构进行了进一步分析，结果如图 6.20 所示。洗涤后的 Na 1s 谱仅在 1072 eV 处存在一个峰，即 Na—OH 中 Na 的峰，这说明水合硅酸钙中的层间结合 Na$^+$被较好地置换出来。由 $^{29}$Si NMR 的分析结果可见，Q$^2$ 的峰位已由−83 ppm 移至−85 ppm 左右 Q$^2_{Ca}$的出峰位置，Q$^2_i$峰的消失和 Q$^2_{Ca}$峰的出现表明硅链结构层间的 Na$^+$被 Ca$^{2+}$

所取代。另外，离子交换洗涤后 $Q^1/Q^2$ 的比例为 5/4，普通洗涤方式下 $Na^+$ 含量较高时，硅氧四面体链 $Q^1/Q^2$ 的值为 2/1，$Ca^{2+}$ 对 $Na^+$ 的替换有利于硅氧四面体的聚合和结构规整性的提高。

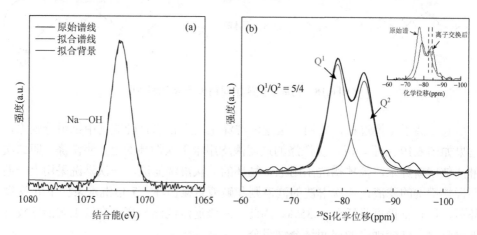

图 6.20   离子交换后水合硅酸钙表征图[180]

(a) Na 1s 谱；(b) $^{29}$Si MAS NMR 谱

### 3. 硬硅钙石的应用特性

硬硅钙石晶须材料是含硅溶液高值化利用的重要途径，采用离子交换脱钠后的富 Ca 水合硅酸钙为平台化合物，根据硬硅钙石的 Ca/Si 比配入一定量的 200 目石英砂，总 Ca/Si 比为 1、240℃下水热反应 5 h，产品晶型与形貌如图 6.21 与图 6.22 所示[181]。所制备得到的硬硅钙石为短棒状晶体团聚形成的毛栗状小球，且具有较好的过滤和沉降性能。

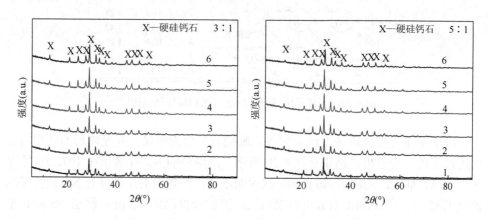

图 6.21   脱钠水合硅酸钙水热产品 XRD 谱图[173]

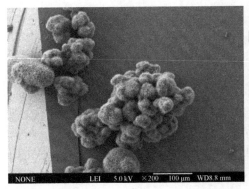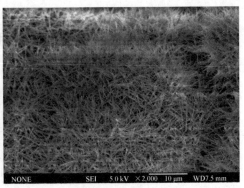

图 6.22　典型的水热产品的 SEM 形貌图[173]

以硬硅钙石粉体为原料，与玻璃纤维按质量比 19∶1 的比例混合，加入一定量水搅拌均匀，将此浆料倒入模具中进行硬硅钙石保温板的压制，压制成型后的胚体 105℃下干燥至恒重，即得到硬硅钙石型保温板。干燥过程中保温板基本没有体积收缩，干燥后的硬硅钙石型保温板各项指标基本符合相关标准要求。

## 6.2　高碱性含硅溶液制备系列分子筛材料技术

### 6.2.1　分子筛材料概述

铝硅系分子筛是具有骨架结构的结晶型硅铝酸盐，其骨架结构由硅、铝及其配位原子氧构成，硅氧四面体和铝氧四面体是其中的基本结构单元，通过桥氧方式相互连接形成规则的孔道和空腔结构，用于平衡电荷的阳离子则定位在孔道或笼中。铝硅分子筛独特的孔道结构和表面性质使其具有优良的吸附、催化、离子交换能力，广泛应用于气体净化分离、石化/煤化工/精细化工过程催化、废水治理与放射性废料处置等领域[182]。

铝硅系分子筛按照结构中 $SiO_2/Al_2O_3$ 的比例可分为低硅铝比分子筛（$SiO_2/Al_2O_3 = 2$，如 4A 分子筛）、中硅铝比分子筛（$SiO_2/Al_2O_3 = 2\sim10$，如 13X 分子筛、Y 分子筛）、高铝硅比分子筛（$SiO_2/Al_2O_3 = 20\sim200$，如 ZSM-5 分子筛）以及全硅分子筛。其中，低硅铝比分子筛和中硅铝比分子筛应用广泛，工业化规模较大，如 4A 分子筛、13X 分子筛等。但此类分子筛传统生产工艺是以水玻璃、烧碱和氢氧化铝等化工品为原料，经过水热合成制备得到，成本高昂，限制了其应用市场。因此，分子筛的低成本制备是重要的发展方向，以含有硅铝组分的煤系固废为原料进行分子筛的制备，是降低其制备成本的一个重要途径，同时还可使煤基固废得到充分利用，具有较好的经济和环境效益。

### 6.2.2　4A 分子筛材料的合成与应用

#### 1. 4A 分子筛简介

4A 分子筛中的 $SiO_2/Al_2O_3$ 摩尔比为 2，在所有分子筛中具有最大的离子交换容量，其较强的阳离子交换能力使其可与 $K^+$、$Ca^{2+}$ 进行交换制备 3A、5A 分子筛。4A 分子筛具有较大的钙离子交换容量，与水中钙离子进行交换使硬水软化，可用于洗衣粉助剂替代三聚磷酸钠，从而减小水体富营养化[183, 184]；3A 分子筛主要应用于石油裂解气、天然气的干燥和中空玻璃吸附剂等方面[185]；5A 分子筛主要在炼油工业中作为脱蜡吸附剂正构烷烃的选择吸附分离[186]。

#### 2. 4A 分子筛的合成方法

4A 分子筛合成方法主要有两种，一是全合成方法，即合成所需的原料全部来自于化工产品，但该方法生产成本较高，制约着 4A 分子筛的发展；二是半合成方法，采用含有硅铝组分的矿物为原料与碱源和水进行混合，经过水热转化制得 4A 分子筛。半合成法制备 4A 分子筛在成本上具有较大的优势，但合成过程大多采用粉煤灰、煤矸石、高岭土等矿物原料，活性低导致转化率不足、杂质含量高影响纯度，合成的分子筛晶型不纯、结晶度不高，进而导致性能不佳，因此大多需要进行碱法熔融进行矿物活化，使硅铝组分活性得到释放从而进一步制备分子筛产品。而高铝粉煤灰含硅溶液中硅组分以离子形式存在，活性较高，以此为原料制备分子筛，可避免活性不足、杂质多等问题，且产品白度和性能方面可以得到保证。

#### 3. 4A 分子筛的合成工艺

分子筛的主要组分为硅氧四面体和铝氧四面体，硅铝比是影响分子筛结构和物相的主要条件，因此首先考察了不同硅铝比对分子筛合成过程的影响，结果如图 6.23 所示。

图 6.23（a）为硅铝比对合成产物晶型的影响，当硅铝比为 1.6～2.0 时，合成产物为纯净的 4A 型分子筛，且硅铝比为 1.8 时，合成产物的衍射峰强度最高。硅铝比进一步提高至 2.2，合成产物夹杂着少量的 LSX 型分子筛，而硅铝比高达 2.4 时，A 型分子筛衍射峰强度逐渐减弱，LSX 型分子筛衍射峰明显增强。图 6.23（b）为硅铝比对合成产物的钙离子交换性能的影响。当硅铝比低于 1.8 时，钙离子交换度随着合成产物晶型的进一步完整而逐渐增加；硅铝比 1.8 时，交换值为 320.64 mg/g；当硅铝比高于 1.8 时，合成体系中的硅含量高于合成所需，过

剩的硅未能反应，形成无定形的硅酸盐影响了产物性能。当硅铝比为 2.2 和 2.4 时，此时合成产物中的 A 型衍射峰减少，出现大量的 LSX 型分子筛杂晶，直接导致钙离子交换度严重降低。因此，硅铝比为 1.8 时有助于合成纯净的 4A 型分子筛。

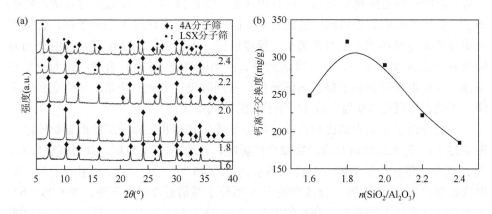

图 6.23　不同硅铝比合成产物[187]

（a）XRD 谱图；（b）钙离子交换值

4A 分子筛是在碱性环境中合成的，在水热合成体系中钠硅比和水钠比共同影响反应体系的碱度，钠元素不仅提供碱性环境，还是分子筛骨架中阳离子的重要组成，因此系统分析了钠硅比对合成产物的影响，结果如图 6.24 所示。

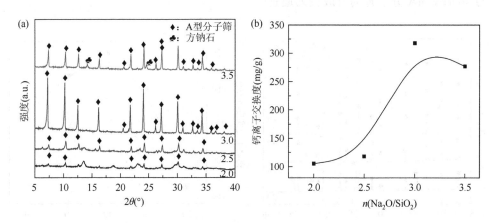

图 6.24　不同钠硅比合成产物[187]

（a）XRD 谱图；（b）钙离子交换值

图 6.24（a）为钠硅比对合成产物晶型的影响。当钠硅比低于 3.0 时，合成

产物中出现微弱的 A 型分子筛衍射峰，且峰位不齐全，钠硅比过低不足以提供碱性环境；当钠硅比为 3.0 时，合成产物中全为 A 型分子筛衍射峰，且强度最强，衍射峰齐全；当钠硅比提高至 3.5 时，产物中 A 型分子筛的衍射峰下降较多，且在 $2\theta = 14.18°$ 和 24.7° 处出现了羟基方钠石的衍射峰，钠硅比过高，在高温高碱环境，合成产物易向更稳定的方钠石相转变。图 6.24（b）为钠硅比对合成产物钙离子交换度的影响。当钠硅比过低时，未能生成晶型完好的 A 型分子筛，合成产物中存在无定形物质，此时钙离子交换度较低；当钠硅比为 3.0 时，合成产物为峰型齐全的 A 型分子筛，交换度达到最大；当提高至 3.5 时，合成产物为亚稳态晶体，在高温高碱体系下极易溶解转化，且同时出现方钠石杂晶，导致交换度下降。因此，钠硅比 3.0 为合成 4A 分子筛的较优条件。

系统分析了不同水钠比对合成 4A 分子筛的物相和钙离子交换值影响规律。图 6.25（a）为水钠比对合成产物晶型的影响，当水钠比为 20 时，此时碱度较高，为 A 型分子筛和方钠石的混合物；当水钠比为 40 时，为纯净的 A 型分子筛，衍射峰最强；当高于 40 时，合成产物中 A 型分子筛衍射峰强度下降。图 6.25（b）为水钠比对合成产物钙离子交换的影响，当水钠比为 20～40 时，钙离子交换度随着水钠比的提高逐渐增加；水钠比为 40 时，钙离子交换度为 320.15 mg/g；当高于 40 时，钙离子交换度随之下降。原因在于水钠比过低时，体系中碱度过高，高温高碱会生成方钠石，又会使生成的 A 型分子筛晶体在高碱体系下溶解，导致合成产物不纯，交换能力较低；水钠比过高，体系中未能提供 A 分子筛生成的碱度，且水量过大，稀碱溶液会影响粉煤灰预脱硅阶段，造成资源浪费。因此，水钠比为 40 时对 4A 分子筛的合成较为适宜。

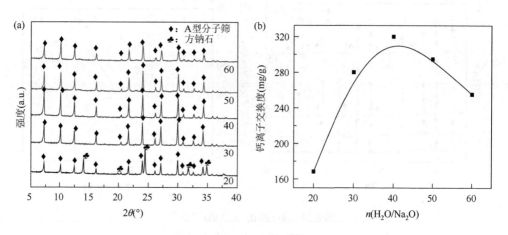

图 6.25　不同水钠比合成产物[187]

（a）XRD 谱图；（b）钙离子交换值

　　基于上述分子配比对分子筛合成过程影响规律考察，系统分析了不同反应温度对合成 4A 分子筛的物相和性能影响，结果如图 6.26 所示。图 6.26（a）为晶化温度对合成产物晶型的影响。当晶化温度为 70℃时，合成产物无明显衍射峰、无定形物质；当温度为 80℃时，部分无定形物质消失随之出现微弱的 A 型分子筛的衍射峰；温度进一步提高，A 型分子筛衍射峰强度增强，100℃时达到最强；反应温度提高至 110℃，结晶度降低，且有方钠石出现。图 6.26（b）为晶化温度对钙离子交换能力的影响。当晶化温度为 70℃时，合成产物为无定形物质导致交换度较低；随着温度的提升，合成产物晶型逐渐完整，交换度逐渐增加；当温度过高时，出现了方钠石杂晶，导致交换度降低。结果表明，当温度过低，未提供晶体生长的能量，产物处于无定形状态，结晶不完整甚至无分子筛晶体；当温度过高，生成的不稳定晶体会部分溶解，且易向更为稳定的方钠石晶体生成，导致产物性能下降。因此，晶化温度对 4A 分子筛的合成尤为重要，该合成体系选取 100℃最佳。

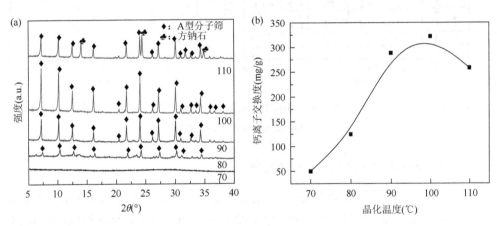

图 6.26　不同晶化温度合成产物[187]

（a）XRD 谱图；（b）钙离子交换值

　　不同晶化时间对合成 4A 分子筛的物相和性能影响结果如图 6.27 所示。图 6.27（a）为晶化时间对合成产物晶型的影响。当晶化时间较短时，出现少量的 A 型分子筛衍射峰，大部分为无定形物质，时间过短反应体系中的硅源与铝源未能充分融合，难以按照特定铝硅比例生成规则有序的分子筛晶体。随着晶化时间的延长，无定形物质消失，A 型分子筛衍射峰逐渐完整。当晶化时间为 6 h，合成产物中 A 型分子筛衍射峰最为齐全，强度最强，超过 6 h 后，合成产物中 A 型分子筛衍射峰强度下降，同时生成方钠石杂晶，从图中可以看出在 $2\theta = 14.18°$、$24.7°$ 和 $34.89°$ 处方钠石杂晶增多。图 6.27（b）为晶化时间对钙离子交换度的影响。在 6 h 前随着合成产物中 A 型分子筛逐渐完整，交换能力越来越大，当晶化 6 h 时，交换度为 318.47 mg/g；当超过 6 h 时，合成产物中为非纯相 A 型分子筛，夹杂着方钠石杂晶，导致交换能力下降。原因在于，当晶化时间过短，反应体系中尚有铝硅酸盐胶态物质存在，无定形凝胶未能晶化成 A 型分子筛，结晶不完全；当过长时，部分合成产物在高碱体系中向更为稳定的方钠石转变，出现杂晶，导致产品不纯。因此，含硅溶液合成 4A 分子筛适宜晶化时间为 6 h。

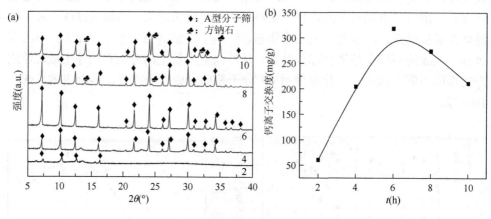

图 6.27　不同晶化时间合成产物[187]

(a) XRD 谱图；(b) 钙离子交换值

### 4. 4A 分子筛的化学组分与结构特性

以高碱性含硅溶液为原料进行 4A 分子筛制备，合成产物组成如表 6.2 所示，主要氧化物比例为 $0.93Na_2O \cdot 1.97SiO_2 \cdot Al_2O_3$，符合 4A 分子筛标准组成。图 6.28 为 4A 分子筛的红外谱图，$3474\ cm^{-1}$ 和 $1664\ cm^{-1}$ 分别是沸石中 O—H 伸缩振动和弯曲振动吸收峰，$1004\ cm^{-1}$ 和 $670\ cm^{-1}$ 为 T—O—T（T—Si/Al）的反对称伸缩振动和对称伸缩振动，$466\ cm^{-1}$ 为 T—O—T 的弯曲振动吸收峰，其中 $555\ cm^{-1}$ 为沸石骨架中结构单元双四元环（D4R），大量的四元环连接在晶胞中心组成 α 笼并形成三维骨架结构，是 4A 沸石骨架中重要结构。

表 6.2　高碱性含硅溶液合成 4A 分子筛化学组成[187]

| 成分 | SiO$_2$ | Al$_2$O$_3$ | Na$_2$O |
|---|---|---|---|
| 含量（%，质量分数） | 42.533 | 36.644 | 20.823 |

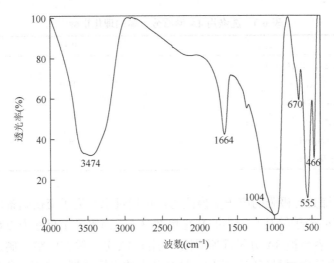

图 6.28　高碱性含硅溶液合成 4A 分子筛红外谱图[187]

高碱性含硅溶液合成的 4A 分子筛形貌分析和组成分析如图 6.29 所示。4A 分子筛呈现立方体结构，分散性较好、均匀分布，晶粒尺寸为 3μm，EDS 分析得出其氧化物组成为 1.17Na₂O•2.05SiO₂•Al₂O₃。

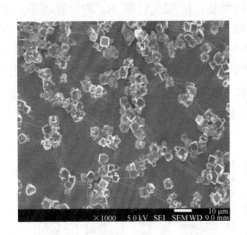

图 6.29　高碱性含硅溶液合成 4A 分子筛 SEM 和 EDS 图[187]

### 5. 4A 分子筛的应用性能

高碱性含硅溶液合成的 4A 分子筛主要性能参照 QB/T 1768—2003 进行指标检测，结果如表 6.3 所示。实际高碱性含硅溶液合成 4A 分子筛钙离子交换度为 310.5 mg/g，白度为 96.46%，均优于指标要求，合成产物较高的钙离子交换性能满足洗衣助剂要求，可用于硬水软化实际生产过程中。

**表 6.3  洗涤用 4A 沸石分子筛的理化指标[187]**

| 项目 | | 指标 | 实测 |
|---|---|---|---|
| 钙交换能力（mg CaCO₃/g 干基） | ≥ | 295 | 310.5 |
| pH（1%溶液，25℃） | ≤ | 11.0 | 10.86 |
| 白度（W＝Y），% | ≥ | 95 | 96.46 |
| 灼烧失量（800℃，1 h）（%） | ≤ | 22 | 12.6 |
| 松密度（mg/mL） | ≤ | 500 | 480.4 |
| Al³⁺（干基）（%） | ≥ | 18 | 19.61 |

$钙交换能力（mg CaCO_3/g 干基）$ 与 $Al^{3+}$ 见上表。

　　4A 分子筛具有极强的离子交换能力，可通过水热离子交换制备出 3A（KA）型分子筛。3A 分子筛具有较小的孔径尺寸 3 Å，而水分子尺寸为 2.6 Å，且具有较大的极性，容易被 3A 分子筛所吸附，因此 3A 分子筛在中空玻璃、气体干燥、极性液体干燥等方面得到广泛应用，具有较大的市场前景。采用氯化钾溶液与 4A 分子筛进行水热离子交换制备 3A 分子筛，按照 1 mol/L KCl 与 4A 分子筛以不同液固比[188]，超声分散后搅拌均匀，在 80℃条件下水热交换 4 h，然后对产物依照 GB/T 10504—2008 进行分析检测，如图 6.30 所示。不同液固比交换产物均为 A 型分子筛，表明水热离子交换并未改变分子筛的结构，但随着液固比的提高，衍射峰强度有所下降，说明随着交换程度的增加，K⁺取代骨架 Na⁺的位置越多，最终使得骨架内部静电场局部改变，衍射峰强度有所下降。随着液固比的提高，钾离子交换率和静态水吸附均有所提升，但液固比高于 20 时钾离子交换率和静态水吸附基本上不变。液固比为 20 时合成产物钾离子交换率为 38.12%，静态水吸附率约 19.86%，但尚未达到 3A 分子筛粉体 GB/T 10504—2008 标准。在此基础上，进一步采用二次水热交换，可实现产物钾离子交换率为 43.54%和静态水吸附 24.58%，满足标准要求。

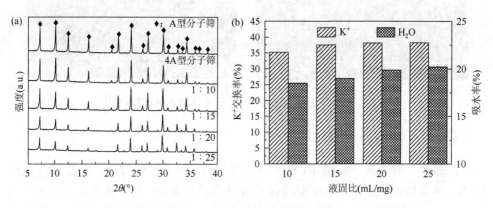

图 6.30  不同液固比交换产物[187]

（a）XRD 谱图；（b）钾离子交换率和静态水吸附

　　4A 分子筛离子交换制备的 3A 分子筛的化学组分与微观形貌分别如表 6.4 和图 6.31 所示。二次交换后产物 3A 分子筛的化学组成为 $0.75K_2O \cdot 0.14Na_2O \cdot 2.1SiO_2 \cdot Al_2O_3$，离子交换后产物的微观形貌未发生改变，仍为分散均匀的立方体结构，EDS 对其微区形貌进行分析得出其主要氧化物组成为 $0.64K_2O \cdot 0.12Na_2O \cdot 2.26SiO_2 \cdot Al_2O_3$，对比发现两者组成稍有区别，但比例具有一致性，均为典型的 3A 分子筛组成比例。

**表 6.4　3A 分子筛的化学组成[187]**

| 组分 | $SiO_2$ | $Al_2O_3$ | $Na_2O$ | $K_2O$ |
|---|---|---|---|---|
| 含量（%，质量分数） | 40.86 | 33.13 | 2.884 | 22.77 |

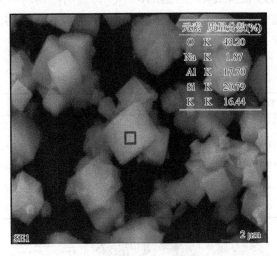

图 6.31　3A 分子筛的 EDS 谱图[187]

　　二次交换产物的检测结果如表 6.5 所示，从中可以发现钾离子交换率为 43.54%，静态水吸附为 24.58%，均达到合格品要求，但由于交换产物颗粒粒径偏大，最大粒径 26 μm，导致堆积密度略低于合格产品。

**表 6.5　3A 分子筛的指标与国家标准对比**

| 项目 | | 合格品 | 二次交换 |
|---|---|---|---|
| 钾离子交换率（%） | ≥ | 40 | 43.54 |
| 静态水吸附（%） | ≥ | 24 | 24.58 |
| 堆积密度（g/mL） | ≥ | 0.60 | 0.51 |
| 筛余量（0.044 mm）（%） | ≤ | 1.0 | 0 |

　　5A 分子筛具有独特的孔道结构，可用于选择性吸附分离正构烷烃，广泛应用于石化行业馏分分离及石油脱蜡等领域，具有较大的市场潜力。按照相关实验方法[189]，采用氯化钙溶液与 4A 分子筛进行水热离子交换，4A 分子筛与不同浓度氯化钙以固液比 1∶20 混合，超声分散后搅拌均匀于 90℃水热交换 4 h 得到交换产物。因 5A 分子筛对粉体无国标要求，需要从组成方面来分析交换效果，结果如表 6.6 和图 6.32 所示。随着氯化钙浓度的提高，交换产物中氧化钙含量逐渐增加，当氧化钙浓度提高至 0.5 mol/L 后，产物中氧化钙含量为 16.65%。但交换制备 5A 分子筛需要对组成定向调配，在 0.3 mol/L 氯化钙交换下产物的氧化物组成比例为 $0.76CaO \cdot 0.25Na_2O \cdot 2.21SiO_2 \cdot Al_2O_3$，与 5A 分子筛的标准组成 $0.75CaO \cdot 0.25Na_2O \cdot 2SiO_2 \cdot Al_2O_3$ 较为一致。通过对交换产物能谱分析，得出其氧化物组成为 $0.78CaO \cdot 0.24Na_2O \cdot 2.22SiO_2 \cdot Al_2O_3$，说明产物的中钙离子与钠离子进行均匀交换，形成分布均一的 5A 分子筛。因此，高碱性含硅溶液制得的 4A 分子筛通过水热离子交换可以制备出组成满足 5A 分子筛标准的产物。

表 6.6　氯化钙浓度对交换产物的影响[187]

| 浓度（mol/L） | CaO | Na$_2$O | SiO$_2$ | Al$_2$O$_3$ | $n$ (CaO∶Na$_2$O∶SiO$_2$∶Al$_2$O$_3$) |
|---|---|---|---|---|---|
| 0.05 | 5.968 | 12.45 | 45.89 | 35.53 | 0.31∶0.58∶2.19∶1 |
| 0.1 | 11.91 | 7.531 | 45.34 | 34.9 | 0.62∶0.35∶2.21∶1 |
| 0.2 | 12.78 | 7.556 | 44.69 | 34.73 | 0.67∶0.36∶2.18∶1 |
| 0.3 | 14.49 | 5.228 | 45.24 | 34.73 | 0.76∶0.25∶2.21∶1 |
| 0.5 | 16.65 | 3.408 | 44.91 | 34.74 | 0.87∶0.16∶2.19∶1 |

图 6.32　4A 分子筛离子交换制备的 5A 分子筛 EDS 谱图[187]

### 6.2.3　13X 分子筛材料的合成与应用

#### 1. 13X 分子筛的简介

13X 分子筛具有较大的孔径（0.8～0.9 nm）和孔体积（约占 50%），能够容纳更多种类的分子，可用于变压吸附空分制氧过程脱水脱碳、烟气中 $CO_2$ 低能耗捕集、天然气中 $CO_2/H_2S$ 吸附分离、航天器及潜艇等密闭空间 $CO_2$ 脱除等；此外，13X 分子筛具有较强的离子交换与吸附性能，在有机废水[190, 191]和重金属离子废水[192, 193]方面应用广泛。目前，13X 分子筛多采用廉价矿物和固体废弃物为原料合成，如粉煤灰、废瓷器、煤泥、钾长石等[187]，针对以煤系高岭土为原料合成13X 分子筛缺乏硅源问题，多采用补加含硅物质的化学原料，如硅酸钠、水玻璃、硅胶、白炭黑等。但上述化工产品成本较高，从而导致生产成本增高，限制其利用，因此低成本硅源是进一步降低 13X 分子筛生产成本的关键。采用高碱性含硅溶液作为硅源，与煤矸石协同进行 13X 分子筛的制备，一方面可满足 13X 分子筛中硅铝比组成，同时可以提供强碱性的反应环境，促进分子筛的反应与合成，更进一步降低了产品的原料成本，是实现煤基固废协同高值化利用的有效途径。

#### 2. 13X 分子筛的合成工艺

高碱性含硅溶液与煤矸石反应制备 13X 分子筛的工艺流程为：高碱性含硅溶液中加入活化后的煤矸石粉料，在特定条件下经过陈化反应后，向其中加入 13X 分子筛晶种，水热晶化一定时间后经过过滤、洗涤、干燥后，所制备得到的固体粉末即是 13X 分子筛产品；过滤所得的滤液为晶化残液，经过后续碱介质循环回用至前端粉煤灰脱硅。

硅铝比是控制着合成产物类型的主要因素，因此首先考察硅铝比对合成产物的影响。反应体系按照 $n(Na_2O/SiO_2)=1.9$、$n(H_2O/Na_2O)=60$，补加硅源调整 $n(SiO_2/Al_2O_3)=2.6$、2.8、3.0、3.2、3.4，室温陈化 24 h，于 95℃水热反应 8 h。结果如图 6.33 所示。当 $n(SiO_2/Al_2O_3)=2.6$ 和 2.8，产物中 A 型分子筛衍射峰较多，与文献报道一致；当提高到 3.0，13X 分子筛特征峰数量增多且强度增强，此时合成产物以 13X 分子筛为主；当 $n(SiO_2/Al_2O_3)$ 超过 3.0，晶型向 Y 型分子筛峰转变。图 6.33（b）中表明硅铝比小于 3.0，比表面积和结晶度随硅铝比增大而提高，当高于 3.0 后，产物的比表面积迅速下降，相对结晶度也由 93.65%下降到 23.69%。原因在于硅铝比过低，未满足 13X 分子筛硅铝比要求，会生成硅铝比较低的 A 型分子筛；当硅铝比过高时，晶型向硅铝比较高的 Y 分子筛转变，并且过剩的硅未进入分子筛骨架，形成无定形硅酸盐，影响产物结晶度。因此，$n(SiO_2/Al_2O_3)=3.0$ 对 13X 分子筛合成最优。

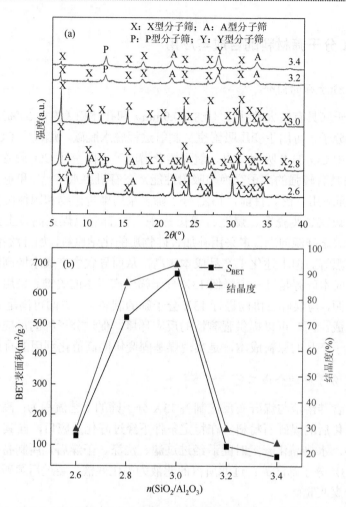

图 6.33 不同硅铝比合成产物[187]

(a) XRD 谱图; (b) 比表面积和结晶度

钠硅比决定着反应体系中的碱度, 当反应体系中水含量固定时, 钠硅比越高其碱度越高。碱度在该合成体系中具有两种作用: 一是促进煤矸石活化粉中硅铝的溶出以及后续的聚合, 钠离子还是分子筛骨架位置所需的阳离子; 二是控制着合成体系的平衡状态, 即向某种特定的分子筛类型进行合成。反应体系按照 $n(SiO_2/Al_2O_3) = 3.0$、$n(H_2O/Na_2O) = 60$, 通过添加氢氧化钠的量改变 $n(Na_2O/SiO_2) = 1.5$、1.7、1.9、2.1, 室温陈化 24 h, 于 95℃水热晶化 8 h, 考察 $n(Na_2O/SiO_2)$ 对合成产物的影响, 结果如图 6.34 所示。当钠硅比为 1.5 时, 合成产物中夹杂着少量的 A 型分子筛, 随着钠硅比进一步提高, 杂峰逐渐消失; 钠硅比为 1.9 时为较为纯净的 X 型分子筛; 但钠硅比提高至 2.1, 生成的 X 型分子筛属亚稳态晶体，其中钠硅比和水钠比共同决定着合成体系中碱度，体系中碱含量过高，部分晶体会在此时溶解，影响合成产物的结晶度。图 6.34（b）反映了钠硅比对合成产物比表面积的影响，低碱体系中煤矸石活化粉未能充分溶解进入反应体系，且钠离子很难进入晶格中，难以形成纯净的 X 型分子筛，夹杂 A 型分子筛杂晶，此时比表面积和结晶度较低；高钠硅比又引起晶体溶解，生成的晶体不完全，导致结晶度和比表面积又会降低。适当钠硅比对合成产物较为重要，有助于煤矸石充分溶解，且有足够的钠离子进入合成产物的晶格中形成稳定的骨架结构。因此，钠硅比为 1.9 适宜合成反应的进行。

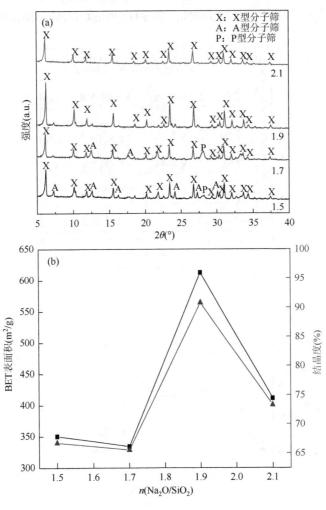

图 6.34　不同钠硅比合成产物[187]

（a）XRD 谱图；（b）比表面积和结晶度

　　当反应中的钠硅比固定后，水钠比也是影响合成体系碱度的重要因素。水含量影响合成体系中各组分的混合和体系碱度，从而影响分子筛合成的方向。因此反应体系按照 $n(SiO_2/Al_2O_3) = 3.0$、$n(Na_2O/SiO_2) = 1.9$，通过添加去离子水的量调控 $n(H_2O/Na_2O) = 20$、30、40、50、60 配比，室温陈化 24 h，于 95℃水热晶化 8 h，考察 $n(H_2O/Na_2O)$ 对合成产物的影响。结果如图 6.35 所示，当 $n(H_2O/Na_2O) = 20$，即碱度较高，产物中出现 A 型、P 型和 Y 型分子筛衍射峰，与文献报道一致[194]；随着 $n(H_2O/Na_2O)$ 提高，A 型、P 型和 Y 型分子筛衍射强度峰逐渐减弱；当 $n(H_2O/Na_2O) = 60$ 时，全为 X 型分子筛衍射峰。图 6.35（b）中随着 $n(H_2O/Na_2O)$ 提高，相对结晶度和比表面积逐渐提高；当 $n(H_2O/Na_2O) = 60$ 时，产物比表面积达到 665.8 m²/g，结晶度达到 93.65%；当 $n(H_2O/Na_2O)$ 太低，即反应体系中 OH⁻

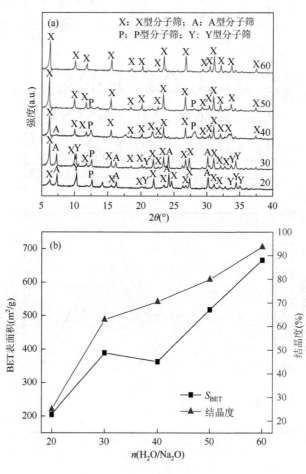

图 6.35　不同水钠比合成产物[187]

（a）XRD 谱图；（b）比表面积和结晶度

过高，形成的晶体会溶解，导致结晶度降低，且 A 型和 P 型分子筛结构较 X 型分子筛稳定，更易在碱度高的条件下形成。因此，提高 $n(H_2O/Na_2O)$ 有助于抑制 A 型和 P 型分子筛生成，且有助于 13X 分子筛稳定存在，$n(H_2O/Na_2O) = 60$ 为最适宜合成条件。

　　13X 分子筛的合成是个复杂过程，尤其是固废合成 13X 分子筛时会涉及反应体系中不同硅源的融合以及硅铝的结合，陈化过程是指将原料进行混合均匀直至在一定的晶化温度下进行晶化的第一阶段，为晶化反应的准备阶段。在合成体系中，按照 $n(SiO_2/Al_2O_3) = 3.0$、$n(Na_2O/SiO_2) = 1.9$、$n(H_2O/Na_2O) = 60$ 配比，设置不同的陈化时间，于 95℃ 水热反应 8 h，考察陈化时间对合成产物的影响。图 6.36（a）是陈化时间对合成产物晶型的影响，当没有进行室温陈化时，合成的产物出现微弱的 X 型峰，随着陈化时间增长，产物中 X 型峰增强。从图 6.36（b）可以看出，随着陈化时间增长，产品结晶度和比表面积升高，当陈化时间超过 16 h 后，合成产物的比表面积和结晶度趋于平衡。由此可见，陈化是为晶化反应提供足够的前驱物，若陈化时间太短，反应物活性得不到释放，未能提供足够的前驱物，最终产物中大多为无定形物质，即主要为硅铝凝胶，导致比表面积较小，且结晶度较低。延长陈化时间，在陈化阶段少量的无定形硅铝酸盐凝胶形成晶核，会促进晶核的快速形成，这些凝胶的生成与转化为晶化反应进行前期准备。因此，为了能制备比表面积和结晶度较高的 13X 分子筛，陈化 24 h 较为适宜。

　　晶化温度可以使凝胶中以及液相中的硅酸根离子与铝酸根离子的聚合状态以及结合方式发生改变，从而控制着凝胶的生成以及转变，以及晶核的形成和后期的晶体长大之间的变化。因此设置晶化温度分别为 75℃、85℃、95℃、105℃，考察晶化温度对合成产物的影响，结果如图 6.37 所示。

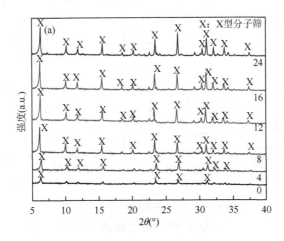

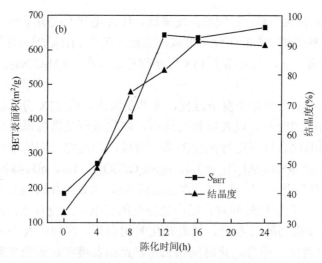

图 6.36　不同陈化时间合成产物[187]

（a）XRD 谱图；（b）比表面积和结晶度

图 6.37（a）为晶化温度对合成产物晶型的影响。当反应温度为 75℃，XRD 谱图中无任何衍射峰，表明该温度下得到的产物为非晶态；升高至 85℃，出现微弱的 X 型分子筛衍射峰，但同时伴有 P 型分子筛衍射峰；当反应温度为 95℃，合成产物中均为 X 型分子筛衍射峰；继续升高到 105℃，X 型分子筛衍射峰强度减弱而出现明显的 P 型分子筛衍射峰，说明温度的提高导致 X 型分子筛向 P 型分子筛转变。图 6.37（b）反映了晶化温度对产物比表面积和结晶度的影响，温度太低，产物为无定形物质，结晶度和比表面积较低。随着 X 分子筛晶型进一步完整，结晶

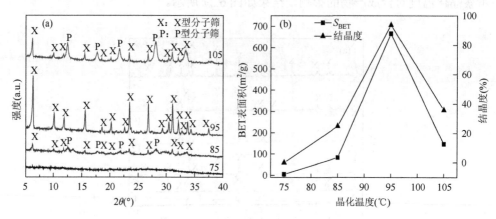

图 6.37　不同晶化温度合成产物[187]

（a）XRD 谱图；（b）比表面积和结晶度

度和比表面积得到提升，在 95℃时合成产物比表面积为 665.8 m²/g，高于文献报道[195]。当反应温度高于 95℃，因晶型向 P 型分子筛转变，又随之下降。由于温度太低时，反应停留在晶核形成期，且温度太低时提供的反应活化能较低，不利于晶体各晶面的生长[196]，晶体生成不完整或出现杂晶。温度过高，产物向更为稳定的结构进行合成，产物纯度降低。晶化温度影响着晶核形成和晶体生长，因此控制反应温度对 13X 分子筛的合成尤为重要，95℃较适合晶化反应的进行。

　　分子筛的晶化过程存在诱导期和晶化期两个重要阶段。在诱导期体系中的硅铝的状态发生改变，涉及凝胶的聚合。但在晶化期凝胶会随着晶化时间的延长发生转变，晶体长大并会发生介稳态间的相变。考察晶化时间对合成产物的影响，结果如图 6.38 所示。

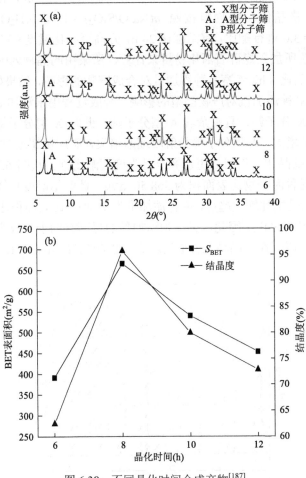

图 6.38　不同晶化时间合成产物[187]

（a）XRD 谱图；（b）比表面积和结晶度

从图 6.38（a）可以看出，当晶化时间为 6 h 时，产物出现微弱的 X 型峰，也存在 A 型沸石相和少量的 P 型沸石相。延长为 8 h，A 型和 P 型峰消失，产物为纯净的 13X 分子筛。当晶化时间为 10 h，A 型和 P 型峰又出现，增加至 12 h 时，A 型和 P 型峰强度增强，而 X 型峰强度减弱。从图 6.38（b）中可以看出，晶化时间较短，因 X 晶型不完整，比表面积和结晶度较低，而结晶时间过长，比表面积和结晶度也随之下降。可见，晶化时间较短，晶核未能完全形成便停止了生长，且 X 型分子筛成核较 A 型和 P 型分子筛复杂，易出现杂晶。当晶化时间过长时，产物为亚稳态晶体，在碱性体系形成的 X 分子筛晶体会被破坏，结晶度下降。适当的晶化时间有助于晶核完全形成，晶体生长完全，产物的结晶度高，且孔道规整使比表面积更大。因此，水热反应 8 h 对合成 13X 分子筛较适合。

合成体系中添加晶种，可以缩短诱导期并抑制杂晶的生成，促进成核以及晶体长大生成完整晶体。将物料按照 $n(Na_2O/SiO_2) = 1.9$、$n(H_2O/Na_2O) = 60$ 和 $n(SiO_2/Al_2O_3) = 3.0$ 进行配比，室温陈化 24 h，升高至晶化温度 95℃ 后加入一定质量的晶种（按照所加入煤矸石活化粉量来计算，所采用的晶种为国药生产的 13X 分子筛），进行晶化 8 h，考察晶种添加量对合成产物的影响，结果如图 6.39 所示。图 6.39（a）为晶种添加量对产物晶型的影响。合成过程中未添加晶种，合成产物中主要物相为 X 分子筛，且夹杂着 A 型分子筛，此时 X 型分子筛衍射峰强度较低；随着添加量增大，A 型分子筛衍射峰逐渐消失，添加量超过 3% 后，产物中都为纯净 X 分子筛晶相，衍射峰更加齐全且强度逐渐增强。从图 6.39（b）中可以看出，未添加晶种时产物比表面积为 568.50 $m^2/g$，此时结晶度也较低，而提高添加量，比表面积呈线性增大趋势，晶种添加量为 7% 时，比表面积达到 675.8 $m^2/g$，相对结晶度达到 92.94%。因此可见晶种添加量的提高有助于合成产物比表面积和结晶度的增大。原因在于晶种在合成过程中可以起到导向的作用，未添加时出现

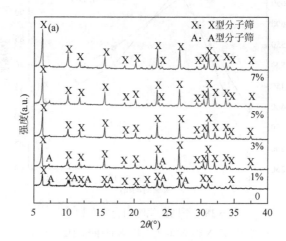

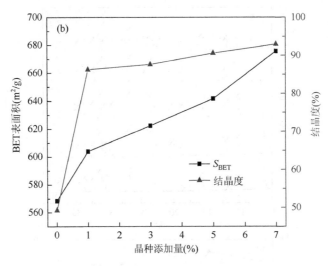

图 6.39　不同晶种添加量合成产物[187]

（a）XRD 谱图；（b）比表面积和结晶度

杂晶相导致合成产物性能不佳，晶种可以为合成过程提供一定量的晶核，减少自发成核的数量，使晶体以晶种导向剂为中心直接在其表面进行生长，有助于晶体的生长从而合成较高质量的分子筛。但晶种为结晶型的铝硅酸钠，添加量超过一定范围，会导致合成体系中的组分发生较大改变影响反应过程，且晶种价格较高，工业生产大量添加会增加分子筛生产成本。因此，选择晶种添加量为 7%有助于在该体系中合成 13X 分子筛。

搅拌速率的快慢对晶体的生长以及晶粒大小有较大影响，从而影响合成产物的晶型和性能，因此需要考察搅拌速率对合成产物的影响，结果如图 6.40 所示。图 6.40（a）为不同搅拌速率合成产物的 XRD 谱图，当搅拌速率低于 100 r/min 时，合成产物均为 X 分子筛晶型，随着转速提高至 200 r/min，X 分子筛的衍射峰强度下降，当高于 200 r/min，合成产物中出现少量 A 型杂峰，且随着转速的提高，A 型峰的强度明显加强。从图 6.40（b）中可以看出，在低转速下合成产物具有较大比表面积及较高相对结晶度，当转速为 100 r/min 时，比表面积可达到 681.7 m²/g，结晶度为 94.59%，随着转速提高，合成产物中出现了杂晶，导致比表面积和相对结晶度下降很多。合成过程中晶核表面需要聚集大量的单体物质，若搅拌速率过大，会破坏晶体生长的平衡环境，且出现 A 型峰，导致产物纯度下降。因此，在合成过程中采用 100 r/min 低转速较适宜 X 分子筛的生长。

以煤矸石活化粉为原料合成分子筛时，其粒径对煤矸石中硅铝溶出以及反应活性有较大影响。因此需要考察不同原料粒径对合成产物的影响，因此通过把球磨煤矸石进行筛分，分出不同的粒径用于合成 13X 分子筛。以 $n(Na_2O/SiO_2) = 1.9$、

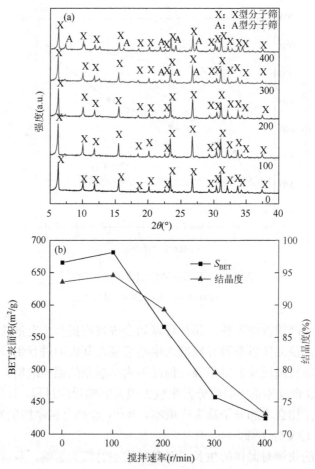

图 6.40　不同搅拌速率下合成产物[187]

(a) XRD 谱图；(b) 比表面积和结晶度

$n(H_2O/Na_2O) = 60$ 和 $n(SiO_2/Al_2O_3) = 3.0$ 进行配比，室温陈化 24 h，晶化温度 95℃
条件下水热反应 8 h，通过改变原料粒径，考察粒径对合成产物的影响，结果如
图 6.41 所示。图 6.41（a）为不同粒径下合成产物的 XRD 谱图，从图中可见，以
不同粒径煤矸石活化粉为原料进行分子筛合成时，产物的晶型都为 X 分子筛。随
着粒径逐渐减小，衍射峰强度逐渐增强，其相对结晶度逐渐提高。此外，随着初
始原料粒径的逐渐减小，合成产物的比表面积逐渐增大，当原料粒径小于 400 目
时，此时比表面积可达到 689.90 m²/g。从总体结果来看，随着粒径的减小，合成
产物的结晶度和比表面积越高，原因在于粒径越小，煤矸石活化粉中的晶相物
质越容易被破坏，其反应活性越高，且液固接触越充分，从而有助于煤矸石中
硅铝物质的溶出以及与液相中钠离子更好的结合，形成大量的凝胶相，进而转化

形成铝硅酸钠的结晶相，有助于 13X 分子筛的晶体长大。虽然粒径越小，合成产物的性能越好，但是球磨能耗越大，导致原料前期处理成本增大。综合考虑选用 325 目粒径的煤矸石活化粉作为合成原料。

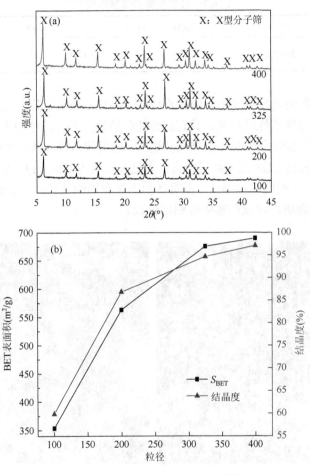

图 6.41　不同粒径下合成产物[187]

（a）XRD 谱图；（b）比表面积和结晶度

### 3. 13X 分子筛的化学组分与结构形貌

高碱性含硅溶液所制备的 13X 分子筛化学组成如表 6.7 所示。合成产物的 $n(SiO_2/Al_2O_3) = 2.60$，根据产物中铝、硅、钠组成，产物主要氧化物的比例为 $0.7Na_2O \cdot Al_2O_3 \cdot 2.6SiO_2$，与典型的 13X 分子筛相比[$Na_2O \cdot Al_2O_3 \cdot (2.6 \sim 3.0)SiO_2$]，$Na_2O$ 含量偏低，这表明煅烧后的煤矸石并未完全转化为 13X 分子筛，产物中存在部分硅铝氧化物。此外，产物中还含有少量 $Fe_2O_3$，这可能是 Fe 取代 Al 进入晶格所致，但相比于原料而言，$Fe_2O_3$ 含量有所降低，因此可以认为 Fe 在反应过程中有少量进入液相。

表 6.7　合成产物的化学组成[187]

| 组分 | $SiO_2$ | $Al_2O_3$ | $Na_2O$ | $Fe_2O_3$ | $TiO_2$ | CaO | $K_2O$ | 其他 |
|---|---|---|---|---|---|---|---|---|
| 含量 (%，质量分数) | 50.171 | 32.762 | 13.708 | 1.159 | 1.496 | 0.384 | 0.167 | 0.153 |

13X 分子筛的典型微观形貌如图 6.42 所示，13X 分子筛除少量团聚外，大部分晶体以类似立方体的性质存在，具有良好的分散性，晶体尺寸约为 4 μm。与文献报道相比，该体系所得的 13X 晶体尺寸更大，这可能与反应体系浓度较低、成核速度较慢有关。根据 EDS 能谱结果分析，氧化物组成为 $0.68Na_2O·Al_2O_3·2.42SiO_2$，与 XRF 结果中硅铝比相比偏低，表明产物中含有铝酸盐物质，未能与硅酸盐结合形成铝硅酸盐物质，导致产物中硅铝比偏低。

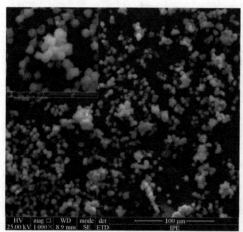

图 6.42　合成产物的 SEM 图和 EDS 分析[187]

高碱性含硅溶液制备的 13X 分子筛红外谱图如图 6.43 所示，合成产物与商品 13X 分子筛在骨架结构上具有一致性，为 13X 分子筛典型的特征结构。3484 cm$^{-1}$ 为分子筛中 O—H 伸缩振动，1651 cm$^{-1}$ 为 O—H 弯曲振动，963 cm$^{-1}$ 为 T—O（T 为 Si/Al）非对称伸缩振动，747 cm$^{-1}$ 为 T—O—T 对称伸缩振动，663 cm$^{-1}$ 为 T—O 对称伸缩振动，453 cm$^{-1}$ 为 T—O 弯曲振动。560 cm$^{-1}$ 为双六元环振动结构，是分子筛晶体六元环形成的基本结构单元，大量的基本结构单元次序连接构成分子筛基本骨架，这也体现了合成分子筛的孔道规整，合成产物晶型良好。

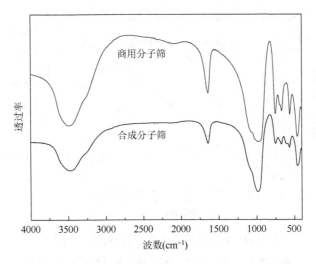

图 6.43　商用沸石与合成产物的红外对比谱图[187]

高碱性含硅溶液制备 13X 分子筛的组分变化如图 6.44 所示。陈化过程偏高岭土中硅和铝在碱性环境中持续溶出，3 h 内硅和铝溶出量较大，3 h 后硅溶出趋势缓慢，但 10 h 后铝溶出再次增大。富硅溶液因溶液平衡存在浓度差，导致硅在前期溶出较多，而体系中铝来自于煅烧煤矸石，在液相中会一直不断的溶出。晶化反应阶段，液相中硅浓度迅速下降，直至液相中初始的硅部分进入到固相，而液相中铝浓度随着晶化时间延长，呈现下降趋势，最后液相中还残留少量铝，即晶化反应结束时煤矸石活化粉溶出的铝组分尚未耗尽，体系中钠在合成过程持续进入固相。根据晶化反应结束时液相数据来进行物质衡算，采用以下公式计算出主要氧化物的摩尔比：

$$n(\text{SiO}_2) = \frac{m \times \omega_{\text{SiO}_2}}{M_{\text{SiO}_2}} + \frac{V \times c_{\text{Si}^{4+}}}{M_{\text{Si}}} \tag{6.1}$$

$$n(\text{Al}_2\text{O}_3) = \frac{m \times \omega_{\text{Al}_2\text{O}_3}}{M_{\text{Al}_2\text{O}_3}} - \frac{V \times c_{\text{Al}^{3+}}}{2M_{\text{Al}}} \tag{6.2}$$

$$n(\text{Na}_2\text{O}) = \frac{V \times \Delta c_{\text{Na}^+}}{2M_{\text{Na}}} \tag{6.3}$$

通过液相组分的计算结果得出固相组成为 $0.82\text{Na}_2\text{O} \cdot 2.51\text{SiO}_2 \cdot \text{Al}_2\text{O}_3$，固相产物 XRF 分析得到的氧化物比例为 $0.7\text{Na}_2\text{O} \cdot 2.6\text{SiO}_2 \cdot \text{Al}_2\text{O}_3$，钠含量的偏差较大，原因在于液相中钠偏低，部分钠覆着于合成产物上，导致液相中钠含量偏低。总体而言，合成过程中偏高岭土内的硅和铝首先溶出，晶化反应时溶出的硅铝元素开始从液相迁移到固相，形成硅铝酸盐的凝胶相，即陈化过程是为晶化反应提供前驱体，从而为晶体的长大提供所需物质。

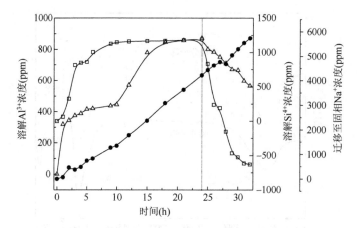

图 6.44    13X 分子筛合成过程液相组分变化[187]

—△— 溶解 Al³⁺浓度；—□— 溶解 Si⁴⁺浓度；—●— 迁移至固相 Na⁺浓度

13X 分子筛陈化过程的在线红外谱图如图 6.45 所示，整个过程中在 950 cm⁻¹ 和 1640 cm⁻¹ 处的峰强度均逐渐增强，分别为 Si—O—Al 键和—OH 键。Si—O—Al 键随时间变化而增强，原因在于偏高岭土在碱性体系中溶出，硅元素进入液相与铝结合度明显提高，发生聚合反应形成铝硅酸盐凝胶，为后续的晶化过程凝胶化转变提供前驱体。

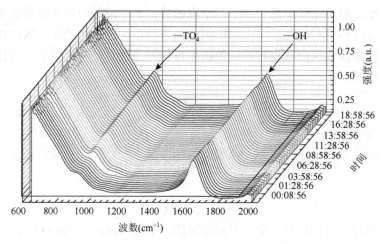

图 6.45    13X 分子筛合成时陈化过程在线红外图[187]

13X 分子筛在合成过程中陈化前后的固体骨架结构如图 6.46 所示。煅烧煤矸石中在−103.3 ppm 处为 Q⁴(0Al)，属于架状硅酸盐石英，这与煅烧后煤矸石的 XRD 相一致，煅烧后存在少量的石英相。硅核磁结果表明−103.3 ppm 处的峰在陈化后仍然存在，而在 -87.7 ppm 处出现 $Q^4$ (3Al)，说明该过程中硅氧四面体部分与铝氧四面体进行连接，形成铝硅酸盐物质。

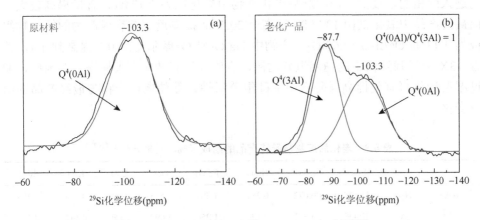

图 6.46　陈化前后固体的 $^{29}$Si MAS NMR 谱图[187]

### 4. 13X 分子筛强化合成过程

高碱性含硅溶液体系所制备的 13X 分子筛由于偏高岭土转化率过低，合成产物中有效组分含量较低导致合成产物性能不佳，需要进一步提高偏高岭土中硅铝组分的活性使合成过程中凝胶化程度得到强化，从而提高合成产物的性能，该过程如图 6.47 所示。

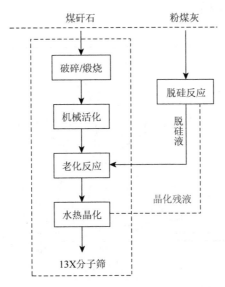

图 6.47　机械工艺强化下制备 13X 分子筛工艺路线图[187]

　　高碱性含硅溶液强化制备 13X 分子筛时，湿磨活化前后陈化产物、晶化产物的化学组分如表 6.8 所示。未湿磨条件下，老化产物中氧化钠为 0.369%，表明进入固相的钠较少，而湿磨后老化产物中氧化钠为 7.174%，含量提高较大，而最终产品中氧化钠由 13.708%提高至 20.526%。湿磨工艺合成产物的氧化物组成为 $1.13Na_2O \cdot Al_2O_3 \cdot 2.6SiO_2$，产物中 $Na_2O/Al_2O_3$ 摩尔比由 0.7 提高到 1.1，符合 13X 分子筛结构中的钠铝组分比例，表明煤矸石转化率大幅提高。因此，通过湿磨活化可有效提高煤矸石中铝硅组分活性，促使老化产物与最终产品的组分变化。

表 6.8　老化后产物与最终产品的组成（%，质量分数）[187]

|  |  | SiO$_2$ | Al$_2$O$_3$ | Na$_2$O | Fe$_2$O$_3$ | TiO$_2$ | CaO | K$_2$O | 其他 |
|---|---|---|---|---|---|---|---|---|---|
| 老化产物 | N-A | 53.578 | 40.072 | 0.369 | 1.581 | 1.623 | 0.369 | 0.205 | 2.203 |
|  | A | 51.455 | 33.661 | 7.174 | 1.254 | 1.692 | 1.856 | 0.142 | 2.766 |
| 最终产品 | N-A | 50.171 | 32.762 | 13.708 | 1.159 | 1.496 | 0.384 | 0.167 | 0.153 |
|  | A | 45.785 | 29.884 | 20.526 | 0.987 | 1.469 | 0.886 | 0.105 | 0.358 |

注：N-A 表示未活化产品；A 表示活化产品

　　13X 分子筛的粒径分布图如图 6.48 所示，湿磨活化产物的粒径分布较窄，粒径较小。由表 6.9 可知，未采用湿磨工艺合成产物的粒径 $d(0.9) = 41.122\ \mu m$，通过湿磨工艺处理后产物 $d(0.9) = 14.259\ \mu m$，粒径大幅减小，说明机械活化工艺对合成产物的粒径影响很大。

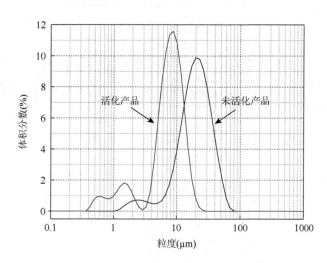

图 6.48　不同合成产物粒径分布图[187]

表 6.9　合成产物粒径尺寸[187]

| 样品 | $d$(0.1)($\mu$m) | $d$(0.5)($\mu$m) | $d$(0.9)($\mu$m) |
|---|---|---|---|
| 未活化产品 | 9.124 | 21.195 | 41.122 |
| 活化产品 | 1.663 | 8.259 | 14.259 |

　　强化制备的 13X 分子筛微观形貌如图 6.49 所示。合成产物中存在大块的团聚体，以及分散的小块物质，这些块体都是由八面体形状的小颗粒构成，合成产物中八面体结构的尺寸约为 3 $\mu$m，但还存在一些蓬松状的球状固体，说明整个合成过程中部分晶体生长存在缺陷，未能完全转化为八面体结构形貌。但通过湿磨活化后，产物形貌发生了明显改变，由无规则转变为规则的八面体形貌，晶体生长更加完整。采用能谱对合成产物进行随机选区分析，检测到 Na、Si、Al、O 四种元素。由各元素含量进行计算，得出其氧化物组成为 $0.98Na_2O \cdot Al_2O_3 \cdot 2.47SiO_2$，$Na_2O/Al_2O_3$ 摩尔比由 0.68 提升至 0.98，钠含量大幅提升，说明合成过程中大量钠进入分子筛骨架中，湿磨对偏高岭土中组分的活化起到了促进作用。但是产物中还存在部分未生长完全的晶体，上述物质发生团聚作用，推测煤矸石合成分子筛过程中部分在液相中进行成核结晶，部分是以包裹煤矸石在其表面进行晶体的长大，导致具有八面体结构形貌的微小颗粒大量的聚集形成团聚体。

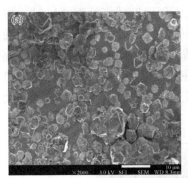

图 6.49　湿磨工艺合成产物 SEM 形貌图与 EDS 谱图[187]

强化制备的 13X 分子筛合成产物的失重曲线如图 6.50 所示。失重曲线只存在一个台阶，100～600℃范围内失重率约为 15%，可以认为是表面吸附的自由水、部分结合水及少量的 $CO_2$ 脱除。100～300℃范围内，失重速率加快，说明在此阶段主要为吸附 $CO_2$ 与自由水脱除，失重率为 12%；300～600℃范围内，失重速率较慢，此部分为分子筛骨架结构中稳定的结合水脱除。800℃后质量基本不变，说明合成产物具有良好的热稳定性，符合工业应用的要求。

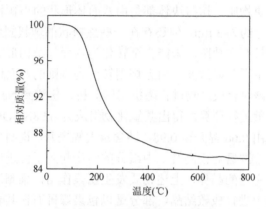

图 6.50　合成产物热重曲线[187]

强化制备的 13X 分子筛合成产物在不同温度煅烧处理 2 h 时，物相组分变化如图 6.51 所示。在 250～650℃范围内煅烧，合成产物仍为 X 分子筛晶型。在 350℃时煅烧得到的产物衍射峰强度达到最高，这与 13X 分子筛 HG/T 2690—2012 中吸附 $CO_2$ 时预处理温度相对应，说明在此温度主要为分子筛吸附的自由水以及少量 $CO_2$ 的脱除。但随着温度的升高，衍射峰略微下降，说明分子筛失去部分结合水，但整体骨架结构未受到破坏。

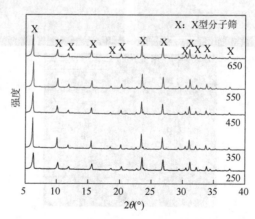

图 6.51　高温煅烧下合成产物的 XRD 谱图[187]

# 参 考 文 献

[1] 国家统计局. 中华人民共和国 2020 年国民经济和社会发展统计公报 [EB/OL]. http://www.stats.gov.cn/tjsj/zxfb/202102/t20210227_1814154.html. 2021-02-28.

[2] 刘桂建, 王俊新, 杨萍玥, 彭子成. 煤中矿物质及其燃烧后的变化分析[J]. 燃料化学学报, 2003, (3): 215-219.

[3] 王启民, 杨海瑞, 吕俊复, 岳光溪. 煤中矿物组分在流化床燃烧过程中的转化[J]. 煤炭转化, 2006, (1): 85-88.

[4] 姜龙. 燃煤电厂粉煤灰综合利用现状及发展建议[J]. 洁净煤技术, 2020, 26 (4): 31-39.

[5] 刘春力. 高铝粉煤灰铝硅分离应用基础研究[D]. 北京: 中国科学院大学 (中国科学院过程工程研究所), 2019.

[6] WANG J, LI J, ZHAO S, HE Y, YAN X, WU P. Research progress and prospect of resource utilization of fly ash in China[J]. Bulletin of the Chinese Ceramic Society, 2018, 37 (12): 3833-3841.

[7] 徐硕, 杨金林, 马少健. 粉煤灰综合利用研究进展[J]. 矿产保护与利用, 2021, 41 (3): 104-111.

[8] 国家能源局印发《煤炭清洁高效利用行动计划 (2015~2020 年)》[J]. 能源研究与利用, 2015, (3): 8.

[9] 张力, 李星吾, 张元赏, 梁莎, 刘寒梅, 李喜龙, 葛春亮, 杨家宽. 粉煤灰综合利用进展及前景展望[J]. 建材发展导向, 2021, 19 (24): 1-6.

[10] DAI S, JIANG Y, WARD C R, GU L, SEREDIN V V, LIU H, ZHOU D, WANG X, SUN Y, ZOU J, REN D. Mineralogical and geochemical compositions of the coal in the Guanbanwusu Mine, Inner Mongolia, China: Further evidence for the existence of an Al (Ga and REE) ore deposit in the Jungar Coalfield[J]. International Journal of Coal Geology, 2012, 98: 10-40.

[11] 刘霖松, 石松林, 孙俊民, 李锦涛, 王兆国, 李佳星, 刘钦甫. 准格尔煤田高铝煤物质组成及成因[J]. 矿业科学学报, 2022, 7 (1): 101-112.

[12] DAI S, ZHAO L, PENG S, CHOU C-L, WANG X, ZHANG Y, LI D, SUN Y. Abundances and distribution of minerals and elements in high-alumina coal fly ash from the Jungar Power Plant, Inner Mongolia, China[J]. International Journal of Coal Geology, 2010, 81: 320-332.

[13] 国家发展和改革委员会. 关于加强高铝粉煤灰资源开发利用的指导意见 [EB/OL]. https://www.ndrc.gov.cn/fgsj/tjsj/cyfz/zzyfz/201102/t20110221_1149207.html. 2011-02-21.

[14] 姜宇飞, 赵昕昕, 赵秋月, 张廷安. 基于专利文献分析的高铝粉煤灰开发与利用的技术发展趋势研究[J]. 轻金属, 2021, (6): 1-6, 32.

[15] ZIEROLD K M, ODOH C. A review on fly ash from coal-fired power plants: Chemical composition, regulations, and health evidence[J]. Reviews on Environmental Health, 2020, 35 (4): 401-418.

[16] BHAGAT N，BATRA V S，KATYAL D. Preparation and characterization of ceramics from coal fly ash[J]. Asian Journal of Chemistry，2011，23（1）：71-73.

[17] 张莉. 粉煤灰的环境影响与综合利用[J]. 北方环境，2011，23（11）：239，249.

[18] WANG N，SUN X，ZHAO Q，YANG Y，WANG P. Leachability and adverse effects of coal fly ash：A review[J]. Journal of Hazardous Materials，2020，396：122725.

[19] KOMONWEERAKET K，CETIN B，BENSON C H，AYDILEK A H，EDIL T B. Leaching characteristics of toxic constituents from coal fly ash mixed soils under the influence of pH[J]. Waste Management，2015，38：174-184.

[20] 杜兴胜，游思洋. 电厂粉煤灰的堆场环境影响及其综合利用[J]. 江西化工，2016，（1）：4-7.

[21] LU J，SUN J，ZHAO C. Occurrence of As in coal and its behavior during coal combustion[J]. Coal Geology & Exploration，2003，31（5）：6-9.

[22] NI L，CUI X，XU L，LIN Q，GUO K. Study on distribution and enrichment of heavy metal elements in fly ash and slag from fuel coal[J]. Coal Science and Technology，2020，48（5）：203-208.

[23] 刘柱光，方樟，丁小凡. 燃煤电厂贮灰场土壤重金属污染及健康风险评价[J]. 生态环境学报，2021，30（9）：1916-1922.

[24] BELVISO C，CAVALCANTE F，DI GENNARO S，PALMA A，RAGONE P，FIORE S. Mobility of trace elements in fly ash and in zeolitised coal fly ash[J]. Fuel，2015，144：369-379.

[25] WU T，CHI M，HUANG R. Characteristics of CFBC fly ash and properties of cement-based composites with CFBC fly ash and coal-fired fly ash[J]. Construction and Building Materials，2014，66：172-180.

[26] LI Z P，XU G，SHI X M. Reactivity of coal fly ash used in cementitious binder systems：A state-of-the-art overview[J]. Fuel，2021，301：121031.

[27] GUPTA V，PATHAK D K，SIDDIQUE S，KUMAR R，CHAUDHARY S. Study on the mineral phase characteristics of various Indian biomass and coal fly ash for its use in masonry construction products[J]. Construction and Building Materials，2020，235117413.

[28] YI L，WANG H，WANG X，PENG J. Research progress of utilizing fly ash as resource of building material[J]. Bulletin of the Chinese Ceramic Society，2012，31（1）：88-91.

[29] BARTONOVA L. Unburned carbon from coal combustion ash：An overview[J]. Fuel Processing Technology，2015，134：136-158.

[30] XING Y W，GUO F Y，XU M D，GUI X H，LI H S，LI G S，XIA Y C，HAN H S. Separation of unburned carbon from coal fly ash：A review[J]. Powder Technology，2019，353：372-384.

[31] LI H，XU D L. The future resources for eco-building materials：II. Fly ash and coal waste[J]. Journal of Wuhan University of Technology-Materials Science Edition，2009，24（4）：667-672.

[32] TKACZEWSKA E，MALOLEPSZY J. Hydration of coal-biomass fly ash cement[J]. Construction and Building Materials，2009，23（7）：2694-2700.

[33] 覃玉阁. 粉煤灰在混凝土路面工程中的应用[J]. 西部交通科技，2019，（2）：12-15.

[34] 徐昆，刘宇，杨雨清，赵兆龙，陈辉. 基于粉煤灰-矿渣地聚合物的露天矿山运输道路筑路工艺研究[J]. 煤炭工程，2021，53（S1）：13-17.

[35] POLTUE T，SUDDEEPONG A，HORPIBULSUK S，SAMINGTHONG W，ARULRAJAH

A，RASHID A S A. Strength development of recycled concrete aggregate stabilized with fly ash-rice husk ash based geopolymer as pavement base material[J]. Road Materials and Pavement Design，2020，21（8）：2344-2355.

[36] KAUR R，GOYAL D. Mineralogical studies of coal fly ash for soil application in agriculture[J]. Particulate Science and Technology，2015，33（1）：76-80.

[37] KUMAR K，KUMAR S，GUPTA M，GARG H C. Characteristics of fly ash in relation of soil amendment[C]. 5th International Conference on Materials Processing and Characterization（ICMPC），2016：527-532.

[38] BASU M，PANDE M，BHADORIA P B S，MAHAPATRA S C. Potential fly-ash utilization in agriculture：A global review[J]. Progress in Natural Science-Materials International，2009，19（10）：1173-1186.

[39] PENGBO J I N. Current situation of the utilization of coal ash in agriculture[J]. Journal of Anhui Agricultural Sciences，2007，35（18）：5544-5545.

[40] DU Y，SUN J M，YANG H B，YAN L J. Recovery of gallium in the alumina production process from high-alumina coal fly ash[J]. Rare Metal Materials and Engineering，2016，45（7）：1893-1897.

[41] FU B，HOWER J C，ZHANG W C，LUO G Q，HU H Y，YAO H. A review of rare earth elements and yttrium in coal ash：Content，modes of occurrences，combustion behavior，and extraction methods[J]. Progress in Energy and Combustion Science，2022，88：100954.

[42] CUI L，LI S，GUO Y，ZHANG X，CHENG F. Research and development of lithium recovery from multi-component complex system of coal fly ash[J]. CIESC Journal，2020，71（12）：5388-5399.

[43] SHI Y，JIANG K X，ZHANG T A，LV G Z. Cleaner alumina production from coal fly ash：Membrane electrolysis designed for sulfuric acid leachate[J]. Journal of Cleaner Production，2020，243：118470.

[44] ZHAO Z S，CUI L，GUO Y X，LI H Q，CHENG F Q. Recovery of gallium from sulfuric acid leach liquor of coal fly ash by stepwise separation using P507 and Cyanex 272[J]. Chemical Engineering Journal，2020，381：122699.

[45] FENG W，LV X，XIONG J，LIU C，YU Z，ZHANG R. Research progress of high added value utilization of coal fly ash[J]. Inorganic Chemicals Industry，2021，53（4）：25-31.

[46] 郭昭华. 粉煤灰"一步酸溶法"提取氧化铝工艺技术及工业化发展研究[J]. 煤炭工程，2015，47（7）：5-8.

[47] 徐涛，兰海平，杨超，李宁，季增宝，张建宁. 粉磨酸浸-氯化氢通气结晶法提取粉煤灰中氧化铝[J]. 无机盐工业，2018，50（1）：57-61.

[48] 李文清，邹萍，池君洲，刘大锐，吴永峰. 用盐酸从循环流化床粉煤灰中浸出氧化铝[J]. 湿法冶金，2020，39（2）：110-113.

[49] WU C Y，YU H F，ZHANG H F. Extraction of aluminum by pressure acid-leaching method from coal fly ash[J]. Transactions of Nonferrous Metals Society of China，2012，22（9）：2282-2288.

[50] VALEEV D，KUNILOVA I，SHOPPERT A，SALAZAR-CONCHA C，KONDRATIEV A.

High-pressure HCl leaching of coal ash to extract Al into a chloride solution with further use as a coagulant for water treatment[J]. Journal of Cleaner Production，2020，276：123206.

[51] KUMAR A，AGRAWAL S，DHAWAN N. Processing of coal fly ash for the extraction of alumina values[J]. Journal of Sustainable Metallurgy，2020，6（2）：294-306.

[52] 王腾飞，张金山，李侠，李彦鑫，薛泽民. 碱法提取高铝粉煤灰中氧化铝的研究进展[J]. 矿产综合利用，2019，（1）：16-21.

[53] 许立军，王永旺，陈东，张云峰，徐靓. 粉煤灰碱法提取氧化铝工艺分析比较[J]. 轻金属，2018，（7）：10-13.

[54] 孙振华，包炜军，李会泉，回俊博，王晨晔，唐清. 高铝粉煤灰预脱硅碱溶提铝过程中的物相转变规律[J]. 过程工程学报，2013，13（3）：403-408.

[55] VALEEV D，SHOPPERT A，MIKHAILOVA A，KONDRATIEV A. Acid and acid-alkali treatment methods of Al-chloride solution obtained by the leaching of coal fly ash to produce sandy grade alumina[J]. Metals，2020，10（5）：585.

[56] XU D H，LI H Q，BAO W J，WANG C Y. A new process of extracting alumina from high-alumina coal fly ash in $NH_4HSO_4$ + $H_2SO_4$ mixed solution[J]. Hydrometallurgy，2016，165：336-344.

[57] 林伟，王培根，王震，李广学，王安顺，黄珍丽，施建林，董安周，段艳文. 粉煤灰焙烧-酸浸提取氧化铝工艺[J]. 安徽化工，2016，42（2）：26-29.

[58] GUO C B，ZHAO L，YANG J L，WANG K H，ZOU J J. A novel perspective process for alumina extraction from coal fly ash via potassium pyrosulfate calcination activation method[J]. Journal of Cleaner Production，2020，271.

[59] LI S，BO P，KANG L. Activation pretreatment and leaching process of high-alumina coal fly ash to extract lithium and aluminum[J]. Metals，2020，10（7）：1-14.

[60] SUN L Y，LUO K，FAN J R，LU H L. Experimental study of extracting alumina from coal fly ash using fluidized beds at high temperature[J]. Fuel，2017，199：22-27.

[61] LI D，JIANG K X，JIANG X X，ZHAO F，WANG S D，FENG L Y，ZHANG D G. Improving the A/S ratio of pretreated coal fly ash by a two-stage roasting for Bayer alumina production[J]. Fuel，2022，310：122478.

[62] SHEMI A，NDLOVU S，SIBANDA V，VAN DYK L D. Extraction of alumina from coal fly ash using an acid leach-sinter-acid leach technique[J]. Hydrometallurgy，2015，157：348-355.

[63] 李广玉，李军旗，徐本军，陈朝铁. 从粉煤灰盐酸浸出液中结晶氯化铝[J]. 湿法冶金，2016，35（2）：125-127.

[64] 赵俊梅，张金山，李小雪. 粉煤灰硫酸化焙烧提取硫酸铝的试验研究[J]. 轻金属，2014，（1）：14-16.

[65] WANG M，GUO Y X，CHENG F Q，LI Y Y. A study on the mechanism of aluminia extraction from coal fly ash[C]. 1st International Conference on Energy and Environmental Protection (ICEEP 2012)，2012：3109-3114.

[66] 张宇娟，张永锋，孙俊民，公彦兵. 高铝粉煤灰提取氧化铝工艺研究进展[J]. 现代化工，2022，42（1）：66-70.

[67] 刘延红，郭昭华，池君洲，王永旺，陈东. 粉煤灰提取氧化铝工艺技术进展[J]. 轻金属，

2014，（12）：4-9.

[68] 马越."一步酸溶法"高铝粉煤灰提取氧化铝工艺技术研究[J]. 中国金属通报，2021，（11）：87-88.

[69] 李晓光，丁书强，卓锦德，曾宇平，王珂，马宁. 粉煤灰提取二氧化硅技术及工业化发展现状[J]. 无机盐工业，2018，50（12）：1-4.

[70] REN K，XIA B，LI L. Preparation of calcium silicate whisker with coal combustion fly ash and carbide slag[J]. Acta Mineralogica Sinica，2018，38（1）：100-103.

[71] HU P P，HOU X J，ZHANG J B，LI S P，WU H，DAMO A J，LI H Q，WU Q S，XI X G. Distribution and occurrence of lithium in high-alumina-coal fly ash[J]. International Journal of Coal Geology，2018，189：27-34.

[72] 张小东，赵飞燕. 粉煤灰中镓提取与净化技术的研究[J]. 煤炭技术，2018，37（11）：336-339.

[73] ZHAO Z，CUI L，GUO Y，CHENG F. Research progress on extraction and recovery of strategic metal gallium from coal fly ash[J]. CIESC Journal，2021，72（6）：3239-3251.

[74] XU D，CHEN Y W，GUO H，LIU H Q，XUE Y D，ZHANG W F，SUN Y C. Review of Germanium recovery technologies from coal[C]. 3rd International Conference on Applied Mechanics，Materials and Manufacturing（ICAMMM 2013），2013：565.

[75] ZHANG L G，XU Z M. An environmentally-friendly vacuum reduction metallurgical process to recover germanium from coal fly ash[J]. Journal of Hazardous Materials，2016，312：28-36.

[76] 闫瑾. 中国铝土矿供给保障问题研究[J]. 世界有色金属，2021，（16）：159-162.

[77] 罗扬. 碱活化粉煤灰制备结构陶瓷应用基础研究[D]. 北京：中国科学院大学（中国科学院过程工程研究所），2020.

[78] LI Y D，LU J S，ZENG Y P，LIU Z Y，WANG C L. Preparation and characterization of mullite powders from coal fly ash by the mullitization and hydrothermal processes[J]. Materials Chemistry and Physics，2018，213：518-524.

[79] 陈江峰，邵龙义，魏思民. 利用高铝粉煤灰合成莫来石的实验研究[J]. 矿物学报，2008，（2）：191-195.

[80] ZHANG X B，XU J，REN X J，LIU X Q，MENG G Y. Preparation and characterization of porous cordierite ceramics from coal fly ash[C]. 4th China International Conference on High-Performance Ceramics（CICC-4），2005：1898-1900.

[81] HE Y，CHENG W M，CAI H S. Characterization of at-cordierite glass-ceramics from fly ash[J]. Journal of Hazardous Materials，2005，120（1-3）：265-269.

[82] ZENG L，SUN H J，PENG T J，ZHENG W M. Preparation of porous glass-ceramics from coal fly ash and asbestos tailings by high-temperature pore-forming[J]. Waste Management，2020，106：184-192.

[83] ZHU J B，YAN H. Microstructure and properties of mullite-based porous ceramics produced from coal fly ash with added $Al_2O_3$[J]. International Journal of Minerals Metallurgy and Materials，2017，24（3）：309-315.

[84] LEE J M，YANG T Y，YOON S Y，KIM B K，PARK H C. Recycling of coal fly ash for fabrication of porous mullite composite[C]. International Conference on Advances in Materials and Manufacturing Processes，2010：1649-1652.

[85] FUKASAWA T，HORIGOME A，TSU T，KARISMA A D，MAEDA N，HUANG A N，FUKUI K. Utilization of incineration fly ash from biomass power plants for zeolite synthesis from coal fly ash by hydrothermal treatment[J]. Fuel Processing Technology，2017，167：92-98.

[86] JIN X，YAN G，JI N，LIU Q. Synthesis of zeolite from coal fly ash[J]. Environmental Chemistry，2015，34（11）：2025-2038.

[87] INADA M，EGUCHI Y，ENOMOTO N，HOJO J. Synthesis of zeolite from coal fly ashes with different silica-alumina composition[J]. Fuel，2005，84（2-3）：299-304.

[88] AMONI B C，FREITAS A D L，BESSA R A，OLIVEIRA C P，BASTOS-NETO M，AZEVEDO D C S，LUCENA S M P，SASAKI J M，SOARES J B，SOARES S A，LOIOLA A R. Effect of coal fly ash treatments on synthesis of high-quality zeolite A as a potential additive for warm mix asphalt[J]. Materials Chemistry and Physics，2022，275.

[89] GUO A，LIU J，XU R，XU H，WANG C. Preparation of mullite from desilication-flyash[J]. Fuel，2010，89（12）：3630-3636.

[90] JI H Y，MI X，TIAN Q K，LIU C L，YAO J X，MA S H，ZENG G S. Recycling of mullite from high-alumina coal fly ash by a mechanochemical activation method：Effect of particle size and mechanism research[J]. Science of the Total Environment，2021，784：147100.

[91] FOO C T，SALLEH M A M，YING K K，MATORI K A. Mineralogy and thermal expansion study of mullite-based ceramics synthesized from coal fly ash and aluminum dross industrial wastes[J]. Ceramics International，2019，45（6）：7488-7494.

[92] TABIT K，HAJJOU H，WAQIF M，SAADI L. Cordierite-based ceramics from coal fly ash for thermal and electrical insulations[J]. Silicon，2021，13（2）：327-334.

[93] 胡朋朋，张建波，李少鹏，李占兵，李会泉. 基于高铝粉煤灰的堇青石-莫来石复合材料制备[J]. 洁净煤技术，2018，24（5）：113-119.

[94] HUI T，SUN H J，PENG T J. Preparation and characterization of cordierite-based ceramic foams with permeable property from asbestos tailings and coal fly ash[J]. Journal of Alloys and Compounds，2021，885：160967.

[95] 陈江峰，晏磊，许亚坤，邵龙义. 高铝粉煤灰合成堇青石的实验研究[C]. Manila：2011 International Conference on Machine Intelligence（ICMI 2011 V4），2011：369-373.

[96] XU G，HE W B，LI Y Q，WANG Y G，HAN G R. Intragranular porous aluminum titanate ceramics with low thermal expansion and high strength simultaneously[C]. International Conference on Advances in Materials and Manufacturing Processes，2010：1713-1716.

[97] 陈之伟. 钛酸铝莫来石多孔陶瓷的制备及其性能研究[D]. 青岛：山东科技大学，2019.

[98] 闫明伟，李勇，仝尚好，郑清瑶，李玲，孙加林. $Fe^{3+}/Ti^{4+}$赋存状态对钛酸铝/莫来石复合材料结构的影响[J]. 复合材料学报，2017，34（11）：2537-2543.

[99] 张建波. 高铝粉煤灰协同活化制备莫来石工艺基础研究[D]. 北京：中国科学院过程工程研究所，2017.

[100] SANCHEZ-SOTO P J，ELICHE-QUESADA D，MART NEZ-MART NEZ S，GARZ N-GARZ N E，P REZ-VILLAREJO L，RINC N J M. The effect of vitreous phase on mullite and mullite-based ceramic composites from kaolin wastes as by-products of mining，sericite clays and kaolinite[J]. Materials Letters，2018，223：154-158.

[101]  LU J S，ZHANG Z P，LI Y D，LIU Z Y. Effect of alumina source on the densification，phase evolution，and strengthening of sintered mullite-based ceramics from milled coal fly ash[J]. Construction and Building Materials，2019，229：116851.

[102]  SULTANA P，DAS S，BHATTACHARYA A，BASU R，NANDY P. Development of iron oxide and titania treated fly ash based ceramic and its bioactivity[J]. Materials Science & Engineering C—Materials for Biological Applications Appl，2012，32（6）：1358-1365.

[103]  KASHCHEEV I D，SYCHEV S N，ELIZAROV A Y. Effect of oxides RO，$R_2O_3$，$RO_2$ and impurity materials on decomposition during heating of kyanite in oxidizing and reducing atmospheres[J]. Refractories and Industrial Ceramics，2011，52（1）：44-47.

[104]  党灵霞. 钾钠碱金属对耐火材料的腐蚀行为研究[D]. 北京：中国石油大学（北京），2019.

[105]  SCHAAFHAUSEN S，HUGON E，YAZHENSKIKH E，WILHELMI B，MULLER M. Corrosion of refractory materials in fluidised bed gasification of alkali rich fuels[J]. Advances in Applied Ceramics，2015，114（1）：55-64.

[106]  全荣. 钠和钾对耐火材料的侵蚀[J]. 耐火与石灰，2012，37（1）：43-47.

[107]  YANG C N，ZHANG J B，HOU X J，LI S P，LI H Q，ZHU G Y，QI F. Study on the correlation between Fe/Ti forms and reaction activity high-alumina coal fly ash[J]. Science of the Total Environment，2021，792.

[108]  胡朋朋. 高铝粉煤灰中锂的赋存状态及预脱硅过程浸出规律研究[D]. 北京：中国科学院大学（中国科学院过程工程研究所），2018.

[109]  ZHAO J，WANG D，LIAO S. Effect of mechanical grinding on physical and chemical characteristics of circulating fluidized bed fly ash from coal gangue power plant[J]. Construction and Building Materials，2015，101：851-860.

[110]  TEMUUJIN J，WILLIAMS R P，VAN RIESSEN A. Effect of mechanical activation of fly ash on the properties of geopolymer cured at ambient temperature[J]. Journal of Materials Processing Technology，2009，209（12-13）：5276-5280.

[111]  ZHANG J B，LI S P，LI H Q，WU Q S，XI X G，LI Z B. Preparation of Al-Si composite from high-alumina coal fly ash by mechanical chemical synergistic activation[J]. Ceramics International，2017，43（8）：6532-6541.

[112]  BLANCO F，GARCIA M P，AYALA J. Variation in fly ash properties with milling and acid leaching[J]. Fuel，2005，84（1）：89-96.

[113]  BLANCO F，GARCIA M P，AYALA J，MAYORAL G，GARCIA M A. The effect of mechanically and chemically activated fly ashes on mortar properties[J]. Fuel，2006，85（14-15）：2018-2026.

[114]  PANNEERSELVAM M，RAO K J. Novel microwave method for the synthesis and sintering of mullite from kaolinite[J]. Chemistry of Materials，2003，15（11）：2247-2252.

[115]  EBADZADEH T. Effect of mechanical activation and microwave heating on synthesis and sintering of nano-structured mullite[J]. Journal of Alloys and Compounds，2010，489（1）：125-129.

[116]  FANG Y，CHENG J P，AGRAWAL D K. Effect of powder reactivity on microwave sintering of alumina[J]. Materials Letters，2004，58（3-4）：498-501.

[117] ZHANG J B, LI H Q, LI S P, HU P P, WU W F, WU Q S, XI X G. Mechanism of mechanical-chemical synergistic activation for preparation of mullite ceramics from high-alumina coal fly ash[J]. Ceramics International, 2018, 44（4）: 3884-3892.

[118] LEE J K, GOULD G L. Viscosity behaviors of rapidly curable silica sols[J]. Journal of Sol-Gel Science and Technology, 2005, 34（3）: 281-291.

[119] LUCKHAM P F, ROSSI S. The colloidal and rheological properties of bentonite suspensions[J]. Advances in Colloid and Interface Science, 1999, 82（1-3）: 43-92.

[120] LI L S, LU T T. Condensation mechanism and influencing factor of stability of complicated silicic acid system[J]. Aiche Journal, 2011, 57（5）: 1339-1343.

[121] ZHANG J B, LI H Q, LI S P, HOU X J. Effects of metal ions with different valences on colloidal aggregation in low-concentration silica colloidal systems characterized by continuous online zeta potential analysis[J]. Colloids and Surfaces A: Physicochemical and Engineering Aspects, 2015, 481: 1-6.

[122] EHRL L, JIA Z, WU H, LATTUADA M, SOOS M, MORBIDELLI M. Role of counterion association in colloidal stability[J]. Langmuir, 2009, 25（5）: 2696-2702.

[123] KARAMI A. Study on modification of colloidal silica surface with magnesium ions[J]. Journal of Colloid and Interface Science, 2009, 331（2）: 379-383.

[124] CHEN K L, ELIMELECH M. Influence of humic acid on the aggregation kinetics of fullerene （C-60）nanoparticles in monovalent and divalent electrolyte solutions[J]. Journal of Colloid and Interface Science, 2007, 309（1）: 126-134.

[125] CHOPPIN G R, PATHAK P, THAKUR P. Polymerization and complexation behavior of silicic acid: A review[J]. Main Group Metal Chemistry, 2008, 31（1-2）: 53-71.

[126] DAS M R, BORAH J M, KUNZ W, NINHAM B W, MAHIUDDIN S. Ion specificity of the zeta potential of alpha-alumina, and of the adsorption of p-hydroxybenzoate at the alpha-alumina-water interface[J]. Journal of Colloid and Interface Science, 2010, 344（2）: 482-491.

[127] TKACOVA K, BALAZ P, MISURA B, VIGDERGAUZ V E, CHANTURIYA V A. Selective leaching of zinc from mechanically activated complex Cu-PB-Zn concentrate[J]. Hydrometallurgy, 1993, 33（3）: 291-300.

[128] BREED A W, HANSFORD G S. Studies on the mechanism and kinetics of bioleaching A.W. Breed and G.S. Hansford, Minerals Engineering, 12, 383-392,（1999）-Response[J]. Minerals Engineering, 1999, 12（12）: 1538-1540.

[129] SCHNEIDER H, SCHREUER J, HILDMANN B. Structure and properties of mullite: A review[J]. Journal of the European Ceramic Society, 2008, 28（2）: 329-344.

[130] AKSEL C. The effect of mullite on the mechanical properties and thermal shock behaviour of alumina-mullite refractory materials[J]. Ceramics International, 2003, 29（2）: 183-188.

[131] ZANELLI C, DONDI M, RAIMONDO M, GUARINI G. Phase composition of alumina-mullite-zirconia refractory materials[J]. Journal of the European Ceramic Society, 2010, 30（1）: 29-35.

[132] AKSAY I A, DABBS D M, SARIKAYA M. Mullite for structural, electronic, and optical applications[J]. Journal of the American Ceramic Society, 1991, 74（10）: 2343-2358.

[133] LI C，ZHOU Y，TIAN Y，ZHAO Y，WANG K，LI G，CHAI Y. Preparation and characterization of mullite whisker reinforced ceramics made from coal fly ash[J]. Ceramics International，2019，45（5）：5613-5616.

[134] 李世慧. 粉煤灰基多孔莫来石陶瓷的性能优化及低温烧结[D]. 天津：天津大学，2012.

[135] DONG Y，LIU X，MA Q，MENG G. Preparation of cordierite-based porous ceramic micro-filtration membranes using waste fly ash as the main raw materials[J]. Journal of Membrane Science，2006，285（1-2）：173-181.

[136] LI S，DU H，GUO A，XU H，YANG D. Preparation of self-reinforcement of porous mullite ceramics through *in situ* synthesis of mullite whisker in flyash body[J]. Ceramics International，2012，38（2）：1027-1032.

[137] JUNG J S，PARK H C，STEVENS R. Mullite ceramics derived from coal fly ash[J]. Journal of Materials Science Letters，2001，20（12）：1089-1091.

[138] 林滨. 高铝粉煤灰物性调控制备高品质烧结莫来石研究[D]. 北京：中国科学院大学，2015.

[139] SCHNEIDER H，RAGER H. Iron incorporation in mullite[J]. Ceramics International，1986，12（3）：117-125.

[140] SCHNEIDER H. Transition metal distribution in mullite[J]. Ceramic Transactions，1990，6：135-157.

[141] 倪文，陈娜娜，赵万智，刘凤梅. 莫来石的工艺矿物学特性及其应用[J]. 地质与勘探，1994，30（3）：26-33.

[142] DONG Y，FENG X，FENG X，DING Y，LIU X，MENG G，COMPOUNDS. Preparation of low-cost mullite ceramics from natural bauxite and industrial waste fly ash[J]. Journal of Alloys，2008，460（1-2）：599-606.

[143] 陈冬，陈南春. 莫来石的研究进展[J]. 矿产与地质，2004，18（1）：52-54.

[144] 陈宁，丁颖颖，李素平. 堇青石-莫来石材料的研究进展及应用前景[J]. 中国陶瓷，2016，52（6）：6-9.

[145] KHATTAB R M，EL-RAFEI A M，ZAWRAH M F. *In situ* formation of sintered cordierite-mullite nano-micro composites by utilizing of waste silica fume[J]. Materials Research Bulletin，2012，47（9）：2662-2667.

[146] 孙俊民，程照斌，李玉琼，邵淑英，司全景. 利用粉煤灰与工业氧化铝合成莫来石的研究[J]. 中国矿业大学学报，1999，（3）：47-50.

[147] LI J H，MA H W，HUANG W H. Effect of $V_2O_5$ on the properties of mullite ceramics synthesized from high-aluminum fly ash and bauxite[J]. Journal of Hazardous Materials，2009，166（2-3）：1535-1539.

[148] ZHANG J，LI H，LI S，HU P，WU W，WU Q，XI X. Mechanism of mechanical-chemical synergistic activation for preparation of mullite ceramics from high-alumina coal fly ash[J]. Ceramics International，2018，44（4）：3884-3892.

[149] ZHANG J，LI S，LI H，WU Q，XI X，LI Z. Preparation of Al-Si composite from high-alumina coal fly ash by mechanical-chemical synergistic activation[J]. Ceramics International，2017，43（8）：6532-6541.

[150] 马立建，杨潘，薛群虎，徐德龙. 利用高铝粉煤灰合成堇青石陶瓷材料的微观结构研究[J].
西安建筑科技大学学报（自然科学版），2017，49（1）：141-144.

[151] LIN B，LI S，HOU X，LI H. Preparation of high performance mullite ceramics from
high-aluminum fly ash by an effective method[J]. Journal of Alloys and Compounds，2015，
623：359-361.

[152] RAMEZANI A，EMAMI S M，NEMAT S. Reuse of spent FCC catalyst，waste serpentine
and kiln rollers waste for synthesis of cordierite and cordierite-mullite ceramics[J]. Journal of
Hazardous Materials，2017，338（sep.15）：177.

[153] 徐晓虹，马雄华，吴建锋，张亚祥，劳新斌，张锋意. 太阳能热发电用堇青石-莫来石复
相陶瓷的制备及抗热震性[J]. 武汉理工大学学报，2012，34（1）：1-6.

[154] LI F F，DU J，ZHANG M X，YANG W C，SHEN Y. Preparation of cordierite-mullite
composite crucibles and structure characterization[J]. Advanced Materials Research，2012，
430-432：521-524.

[155] XU G，HE W B，LI Y Q，WANG Y G，HAN G R. Intragranular porous aluminum titanate
ceramics with low thermal expansion and high strength simultaneously[J]. Advanced Materials
Research，2010，156-157：1713-1716.

[156] ZAHARESCU M，CRISAN M，PREDA M，FRUTH V，PREDA S. Al$_2$TiO$_5$ based ceramics
obtained by hydrothermal Process[J]. Journal of Optoelectronics and Advanced Materials，
2003，（NO.1）：1411-1416.

[157] MORITZ K，ANEZIRIS C G，HESKY D，GERLACH N. Magnesium aluminate spinel
ceramics containing aluminum titanate for refractory applications[J]. Journal of Ceramic
Science and Technology，2014，5（2）：125-130.

[158] SHEN Y，RUAN Y，YU Y. Study on the *in-situ* synthesis of aluminum titanate sintered by
waste aluminum slag[J]. Chinese Journal of Structural Chemistry，2009，28（1）：61-66，2.

[159] YANG C，ZHANG J，HOU X，LI S，LI H，ZHU G，QI F. Study on the correlation between
Fe/Ti forms and reaction activity in high-alumina coal fly ash[J]. Science of the Total
Environment，2021，792：148419.

[160] 杨晨年. 高铝粉煤灰机械化学活化制备莫来石基复合材料基础研究[D]. 北京：中国科学
院大学（中国科学院过程工程研究所），2022.

[161] 周健儿，章俞之，马光华，顾幸勇. 莫来石抑制钛酸铝材料热分解的机理研究[C]. 长春：
中国科协 2001 年学术年会，2001：483.

[162] 蒋昊，李光辉，胡岳华. 铝土矿的铝硅分离[J]. 国外金属矿选矿，2001，（5）：24-29，34.

[163] 王丽华. 利用高铝粉煤灰制备聚合氯化铝的实验研究[D]. 北京：中国地质大学（北京），
2006.

[164] 闻辂. 矿物的红外光谱学[M]. 重庆：重庆出版社，1986.

[165] 法默. 矿物的红外光谱[M]. 北京：科学出版社，1982.

[166] 孙振华. 高铝粉煤灰低温液相法制备高白氢氧化铝的基础研究[D]. 北京：中国科学院大
学，2013.

[167] 孙旺. 亚熔盐法回收拜耳法赤泥中铝、碱的应用基础研究与工艺优化[D]. 北京：中国科
学院大学，2009.

[168] 回俊博. 高铝粉煤灰水热法提取氧化铝工艺的基础研究[D]. 北京：中国科学院研究生院（中国科学院过程工程研究所），2015.

[169] 竹小宇. LSC-600 型树脂对低浓度含镓碱液的富集分离与工艺优化研究[D]. 南宁：广西民族大学，2019.

[170] 竹小宇，黄科林，孙振华，李少鹏，李会泉，文朝璐，张建波. 高铝粉煤灰碱法提铝过程镓的吸附研究[J]. 洁净煤技术，2019，25（4）：137-144.

[171] SWAIN B，MISHRA C，KANG L，PARK K S，LEE C G，HONG H S. Recycling process for recovery of gallium from GaN an E-waste of LED industry through ball milling, annealing and leaching[J]. Environmental Research，2015，138：401-408.

[172] QI F，ZHU G Y，ZHANG Y M，HOU X J，LI S P，YANG C N，ZHANG J B，LI H Q. Eco-utilization of siliconrich lye：Synthesis of amorphous calcium silicate hydrate and its application for recovering heavy metals[J]. Separation and Purification Technology，2021，282（Part B）：120092.

[173] 朱干宇. 高铝粉煤灰非晶态氧化硅高值化利用基础研究[D]. 北京：中国科学院大学，2016.

[174] SHAO N N，LI S，YAN F，SU Y P，LIU F，ZHANG Z T. An all-in-one strategy for the adsorption of heavy metal ions and photodegradation of organic pollutants using steel slag-derived calcium silicate hydrate[J]. Journal of Hazardous Materials，2020，382：121120.

[175] 邓建清，陆晓中，刘学民，季常青，孙晓民. 硅酸钙填充天然橡胶再生胶的性能研究[J]. 橡胶工业，2022，63（12）：738-740.

[176] QIU Y J，CAO S T，CHEN F F，YOU S W，ZHANG Y. Synthesis of calcium silicate as paper filler with desirable particle size from desilication solution of silicon-containing waste residues[J]. Powder Technology，2020，368：137-148.

[177] QI F，ZHU G Y，ZHANG Y M，HOU X J，LI S P，ZHANG J B，LI H Q. Effect of calcium to silica ratio on the synthesis of calcium silicate hydrate in high alkaline desilication solution[J]. Journal of the American Ceramic Society，2020，104（1）：535-547.

[178] 李阳，王丽娜，刘晓琴，刘吉红. 动态法制备硅酸钙绝热材料的研究[J]. 混凝土世界，2019，（12）：64-67.

[179] ZHU G Y，LI H Q，LI S P，HOU X J，WANG X R. Crystallization of calcium silicate at elevated temperatures in highly alkaline system of $Na_2O$-$CaO$-$SiO_2$-$H_2O$[J]. Chinese Journal of Chemical Engineering，2017，25（10）：1539-1544.

[180] GONG B，TIAN C，XIONG Z，ZHAO Y，ZHANG J. Mineral changes and trace element releases during extraction of alumina from high aluminum fly ash in Inner Mongolia，China[J]. International Journal of Coal Geology，2016，166：96-107.

[181] 李会泉，朱干宇，李少鹏，王兴瑞. 一种脱钠剂脱除水合硅酸钙中杂质钠的方法[P]. 中国发明专利申请号：CN201510598695.2. 2017-03-29.

[182] 徐如人，庞文琴，霍启升. 分子筛与多孔材料化学[M]. 2 版. 北京：科学出版社，2015.

[183] 姚昕. 洗涤助剂 4A 沸石的合成方法和发展前景[J]. 江西化工，2010，（2）：18-19.

[184] 陈立军，张心亚，黄洪，沈慧芳，陈焕钦. 无磷洗涤剂助剂 4A 沸石的新进展[J]. 化工矿物与加工，2005，34（5）：8-13.

[185] 杨洪先. 3A 分子筛在异丙醇脱水中的应用[D]. 北京：北京化工大学，2010.

[186] 奚瀚，陈乐，陈群，何明阳. 分离液体石蜡的 5A 分子筛吸附剂的制备[J]. 石油化工，2012，41（12）：1368-1372.

[187] 闫振雷. 高铝粉煤灰伴生硅组分高效利用制备分子筛的研究[D]. 北京：中国矿业大学（北京），2017.

[188] MAIA A Á B，NEVES R F，ANG LICA R S，P LLMANN H. Synthesis，optimisation and characterisation of the zeolite NaA using kaolin waste from the Amazon Region. Production of Zeolites KA，MgA and CaA[J]. Applied Clay Science，2015，108：55-60.

[189] 范春英，王栋，陈远超，王宇. 4A 分子筛与 Ca²⁺在热水中离子交换的实验研究[J]. 工业水处理，2009，29（5）：39-42.

[190] 陶红，周仕林，高廷耀. 13X 分子筛处理含苯胺废水的实验研究[J]. 环境科学学报，2002，22（3）：408-411.

[191] 陶红，徐国勋，谢海英，王勘英. 13X 分子筛处理含苯酚废水研究[J]. 中国给水排水，2002，18（4）：50-52.

[192] 朱彤，张翔宇，宋宝华，王中原，张秋丽. 分子筛对重金属废水吸附性能的实验研究[J]. 无机盐工业，2012，44（1）：49-51.

[193] 陶红，徐国勋，马鸿文. 13X 分子筛处理重金属废水的试验研究[J]. 中国给水排水，2000，16（5）：53-56.

[194] CABALLERO I，COLINA F G，COSTA J. Synthesis of X-type zeolite from dealuminated kaolin by reaction with sulfuric acid at high temperature[J]. Industrial & Engineering Chemistry Research，2007，46（4）：1029-1038.

[195] MA Y，YAN C，ALSHAMERI A，QIU X，ZHOU C，LI D. Synthesis and characterization of 13X zeolite from low-grade natural kaolin[J]. Advanced Powder Technology，2014，25（2）：495-499.

[196] 吴涛，杜美利，司玉成. 黄陵煤泥制备 13X 型分子筛研究[J]. 非金属矿，2015，（3）：13-15.